图解
无人机技术

昂海松
编 著

化学工业出版社
·北 京·

内容简介

本书是一本科普读物，以通俗易懂的文字和丰富多彩的图画描述了无人机技术的方方面面，包括无人机的基本概念，各种类型、布局及其特点，飞行原理、动力与能源、飞行控制、通信、任务载荷，军民用途和发展前景。

本书可供无人机行业工作人员、科技爱好者、社会大众学习和参考，也可以作为各层次学生的课外辅助教材。

图书在版编目（CIP）数据

图解无人机技术 / 昂海松编著. —北京：化学工业出版社，2023.1（2024.10重印）
（科技前沿探秘丛书）
ISBN 978-7-122-42439-6

Ⅰ.①图… Ⅱ.①昂… Ⅲ.①无人驾驶飞机-图解
Ⅳ.①V279-64

中国版本图书馆CIP数据核字（2022）第210393号

责任编辑：张海丽　　装帧设计：溢思视觉设计 / 张博轩
责任校对：宋玮

出版发行：化学工业出版社
（北京市东城区青年湖南街13号　邮政编码100011）
印　　装：北京建宏印刷有限公司
710mm×1000mm　1/16　印张12　字数182千字
2024年10月北京第1版第2次印刷

购书咨询：010-64518888　　售后服务：010-64518899
网　　址：http://www.cip.com.cn
凡购买本书，如有缺损质量问题，本社销售中心负责调换。

定　　价：79.80元　

前言

无人机，又称无人驾驶航空器，其发展初期只是作为军用空中靶机，用于辅助侦察。直到本世纪，无人机在军事上才真正作为重要的作战装备发展和应用。尤其是近些年无人机在民用方面的迅速发展，大家才越来越关注无人机技术。但是多数普通民众尚局限在小型多旋翼无人机用于拍照、娱乐等层面，对于无人机的各种类型、在军事上的重要作用、在工农业方面应用的发展还知之甚少。

相对有人飞行器来说，无人机将原来飞行员在空中直接驾驶和操作的工作转化为无人机自主驾驶和操作，以及地面人员遥控辅助作业，因此，必然要发展一系列新技术来满足无人驾驶和作业的要求。无人机从构造与形态上与有人飞行器有哪些不同？无人机到底采用了哪些技术来实现自主飞行控制导航和空中作业？无人机在国防上、工农业上和与人们生活相关方面有哪些作用？无人机技术今后将向哪些方面发展？人们在使用无人机时应注意什么？这些都是广大读者想深入了解的问题。

另一方面，由于无人机具有相对结构简单、重量轻、灵活性强、成本较低、无空中驾驶员安全问题等特点，使其在很多领域可以补充或替代军用有人驾驶航空器的作用，而且更适合机动、隐蔽和集群作战。无人机在民用方面的用途也越来越广泛，包括过去地面民用装备不能完成的空中作业，以及危险环境下执行任务，如公安、交通安全、消防、物流运输、电力巡检、桥路检测、资源勘查、植保与农业监控等。因此，不少行业人员和众多的大中学生也想投身到无人机发展的事业上去，或者应用无人机技术来改进目前的工作。对于非专业人员和学生，以及大量需要应用无人机的人员来说，先初步了解和认识无人机技术很有必要，然后再进一步深入学习和掌握相关知识与技术，甚至可以自己动手去创造发明新的无人机。

本书在内容编排上尽可能精简大段文字描述，着重配置了丰富多彩的图画和照片，增加读者的感性和直观认识，旨在为非专业人士与学生提供一本能较快、较容易了解无人机的基本原理、主要技术和应用的知识普及读物，激发大家的创造创新意识。

本书对无人机技术的阐述尽量做到通识明了，注意到无人机新概念技术的飞速发展，书中尽可能提供各种不同类型和不同布局的无人机图形和特点，以及未来的应用前景。鉴于无人机系统技术发展很快，本书不可能全面反映无人机技术的详细内容。本书写作风格力求简洁易懂，以适应不同层次的读者，既可作为非专业大中学生的课外辅导教材，也可作为各行业管理与技术人员、商业人员和航空爱好者的科普读物。

本书的编写得到了南京航空航天大学郑祥明、肖天航、邓双厚、蔡红明、周建江、黄国平、王新华、甄子洋等教授和南京理工大学武明建副教授的大力协助以及对部分编写工作的支持，在此表示感谢！

作者

目 录

第1章

无人机基本概念

1.1　无人机的定义和组成

1.1.1　无人机的定义

“无人机”是“无人驾驶航空器”的简称，英文简称UAV，即Unmanned Aerial Vehicle的缩写。

无人机是一种机上无人驾驶、通过无线电遥控或自动程序控制飞行、具有执行一定任务的能力、可重复使用的航空飞行器（图1-1）。通常，无人机指的是大气层内的无人飞行器，因此，外太空无人航天器不属于无人机范畴。

图1-1　无人机定义的四要素

1.1.2 无人机系统的组成

“无人机”不仅是指空中飞行平台，更重要的是“无人机系统”概念。所谓“系统”，2005年美国在“无人机系统线路图”报告中，不再单纯提“无人飞行器（UAV）”，而将“无人机系统（Unmanned Aircraft System，UAS）”作为基本概念，即UAS不仅是无人飞行器本身，还包括无人机通信、地面站和其他任务功能设备。从更广意义上，“无人机系统”还包括地面测控无人机的操作人员。

通常的无人机系统的组成如图1-2和图1-3所示。

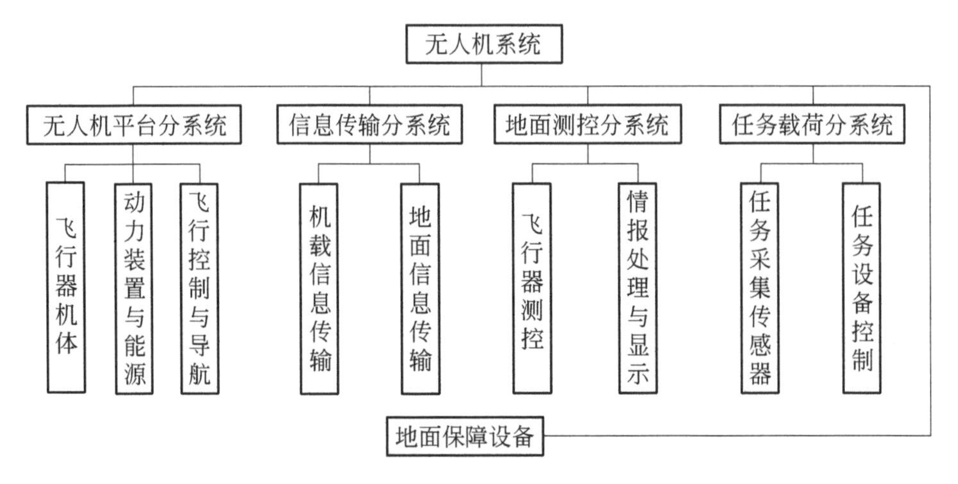

图1-2 无人机系统组成框图

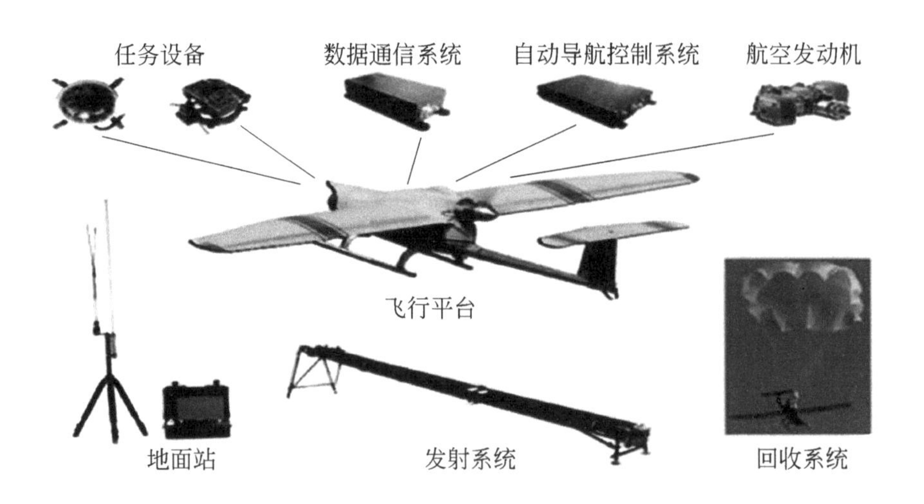

图1-3 无人机系统组成

（1）无人机平台分系统

无人机平台分系统通常有以下几部分：

① 无人飞行器机体，包括机身、机翼（或翼身融合体）或旋翼、尾翼。

② 动力装置，包括涡轮发动机（或燃油活塞发动机、无刷电动机），螺旋桨。

③ 能源装置，包括油箱、电池、电源分配器。

④ 飞行控制与导航系统，包括集多种传感器与微处理器的控制器、卫星导航接收机，执行飞行器姿态控制和规划路线导航控制。

⑤ 伺服机构，包括伺服舵机、连杆、摇臂或其他驱动机构（如旋翼操纵机构），有的归属于飞行控制与导航系统。

⑥ 辅助着陆装置（降落伞或其他着陆气囊等）。

（2）信息传输分系统

信息传输分系统通常又简称“数据链”，实际功能比数据传输更广，包括机载信息和地面信息的数据处理（图 1-4）。

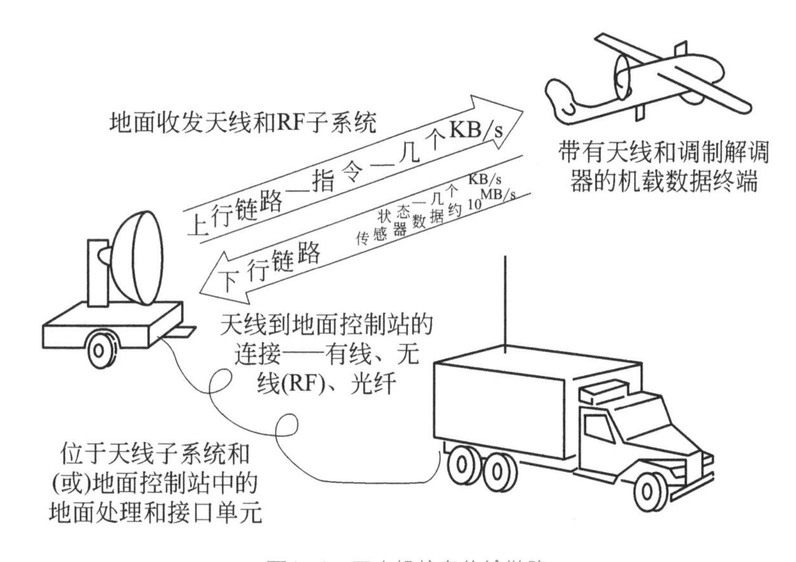

图1-4　无人机信息传输链路

① 机载信息传输，包括机载天线、机载无线信号接收机和信号发射机，接收地面遥控指令，向地面发送无人机信息和任务载荷信息，如视频图像信息及其压缩、编码处理。

② 地面信息传输，包括天线、地面无线信号接收机和信号发射机，发送地面遥控指令，接收无人机传回的无人机信息和任务载荷信息，如视频图像信息及其解压、解码处理。

（3）地面测控分系统

地面测控分系统又称“地面站”，通常由以下几个部分组成：

① 监控平台，包括显示器、遥控操纵杆和按钮，无人机信息与情报信息显示。

② 数据处理系统，包括微型计算处理系统、上传与下传信息处理、情报处理与存储。

③ 地面能源装置，包括电池、电源分配器、电缆。

（4）任务载荷分系统

任务载荷是根据不同任务使命的无人机而设计的不同机载任务设备，如侦察设备、电子干扰器、气体采集器、声音传感器和其他任务传感器。通常视觉传感器是无人机最基本的任务传感器。还包括对任务设备的控制，如任务设备转动平台、跟踪目标控制模块等。

无人作战机的任务载荷分系统还包括机载发射武器（如导弹）、武器控制系统。

（5）地面保障设备

非滑跑起飞的固定翼无人机还需有地面弹射起飞装置。

地面保障设备有的需要无人机的储存、运输和检测等装置。

这里需要强调的是，无人机上虽然没有机载人员，但是无人机系统还离不开“人”。地面测控站的操作、无人机的起飞与回收都必须通过人来执行。即使是自主能力很高的无人机，飞行航线和任务的规划还需要技术人员操作，尤其是遥控发射武器的无人作战机，更需要地面操纵人员及时、准确的人工控制。

1.2 无人机的发展简史

1.2.1 早期的无人机

1903年飞机问世。十年后由于第一次世界大战的需求，有人提出了“无人驾驶飞机”的概念。第一架无人机是哪一架呢？有多种说法。

一种说法是，1914年英国研制的“AT计划”无人机。当时英国两位将军提出研制一种不用人驾驶，而用无线电操纵的飞机，能够飞到敌方上空，将事先装在飞机上的炸弹投下去。随后，飞机设计师杰佛里和研制小组设计出一架小型上单翼机，但没有安装炸弹。1917年3月，他们进行了第一次飞行试验，无人机刚起飞不久，发动机突然熄火，因此而坠毁。有趣的是，从一开始无人机就被作为攻击武器使用，可惜没成功。

第二种说法是，美国海军希望发展一种所谓的无人“空投鱼雷”（图1-5）。1917年12月，美国“寇蒂斯-斯佩里”的“空投鱼雷”成功完成了首飞，并采用了惯性导航与无线电控制技术。美军于1926年宣布取消该项目。

图1-5　1917年美国“空投鱼雷”无人机

真正研制无人机试飞成功的是英国皇家航空研究院于1922年研制的RAE1921型无人靶机（图1-6）。1932年，英国“仙后”无人靶机（图1-7）在皇家海军舰队防空试验中作为“靶机”飞行成功。随后1934年至1943年间，英国采购了420套新型的“蜂后”靶机为海军和陆军服务。

图1-6　英国RAE1921型无人靶机

图1-7　英国“仙后”无人靶机

有趣的是，美国无人靶机的想法来自于一个玩具模型制造商人。20世纪30年代，丹尼（Reginald Denny）在他的无线电飞机公司里制造出了一架遥控飞行模型（图1-8），并将其命名为RP-1推荐给军方。美国军方一开始对这种模型不感兴趣。由于第二次世界大战的武器研制需求，从1939年到第二次世界大战结束期间，美军连续采购了15000多架这种遥控无人靶机。

图1-8　美国RP-1无人靶机

1.2.2　第二次世界大战期间的无人机

20世纪30年代至50年代，无人机主要是作为靶机逐渐得到了较广泛使用。

在无人机研制方面，德国也不甘落后，20世纪30年代就研制出FZG-43的靶机，用于德国空军地面高炮部队的防空作战训练。

1939年10月，德国阿果斯又提出了一个军用无线电遥控“无人轰炸机”的新概念。这种飞机可以携带1吨重的炸弹，在向目标投掷完炸弹后，返回基地。“深火”无人机从而成为具有实际意义的“无人作战飞机”。德国空军在此基础上完成的一系列研究成果，催生了后来的FZG-76导弹，这就是后来震惊世界的V-1导弹（图1-9）。

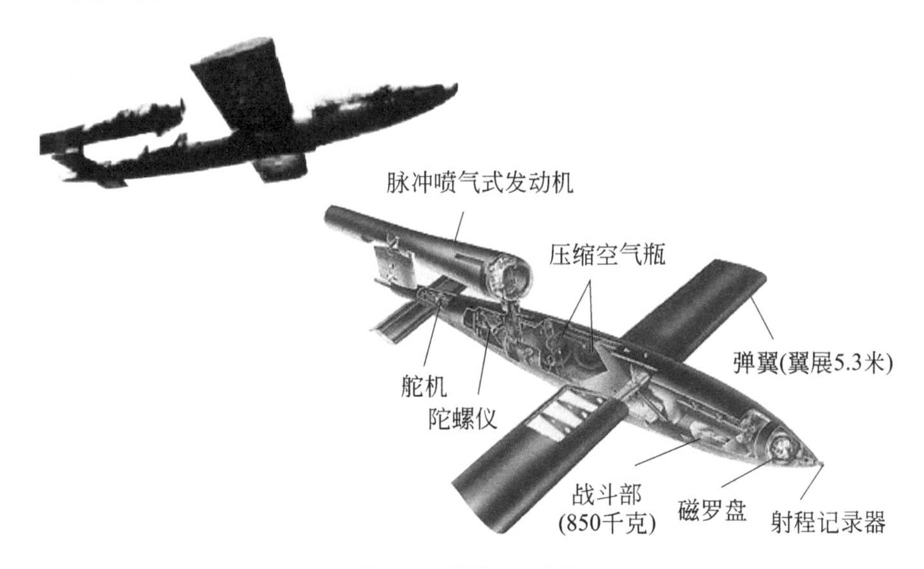

图1-9 德国V-1导弹

1941年，美国海军还正式开展了“无人攻击机”计划，这种无人机既可以用于制导导弹来攻击敌空中目标，也可以作为无人战斗飞行器对敌地面目标进行投弹轰炸。1942年3月，美国海军开始批量采购TDN-1型无人攻击机（图1-10）。有趣的是，TDN-1无人攻击机也可以作为有人驾驶攻击机使用。

图1-10 美国海军TDN-1无人攻击机

第二次世界大战后，美国与苏联在德国V-1和V-2导弹基础上，致力于发展新型攻击性武器——导弹，替代了原来“无人轰炸机”设计思想。

1.2.3 第二次世界大战后的无人机

20世纪60年代后，美国出于冷战需要，将无人机研究重点放在了侦察用途方面。世界上第一种实用型无人侦察机，是由美国陆军提出将无人靶机装上照相机用于战场侦察这个想法而产生的。首个付诸实践的是在RP-71型靶机基础上改进而来的无线电控制AN/USD-1战场无人监视机（图1-11）。1960年美国为了防止被苏联导弹击落，启动了两个高空高速无人机项目：一个是在“火蜂”无人靶机基础上发展而来的147型“萤火虫”无人侦察机（图1-12），该机装有可搜集SA-2地空导弹制导系统信号特征的电子情报模块，可通过引诱SA-2地空导弹雷达开机并截获其信号特征，将其转发到电子战飞机上；另一个是D-21“标签”超声速无人侦察机（图1-13）。

图1-11 美国AN/USD-1无人监视机

图1-12 美国“萤火虫”无人侦察机

图1-13 美国D-21超声速无人侦察机

20世纪50年代初，美国空军又提出将无人机作为诱饵，用于引开苏联截击机和防空导弹。美国空军相继研制了采用火箭动力的GM-71“公鸭”无人机（由飞机挂载发射，见图1-14）。

图1-14 美国GM-71诱饵无人机

20世纪60年代初，苏联图波列夫设计局研制出一种地面发射的远程无人侦察系统，命名为图-123“鹰”（图1-15）。该机机身体积大，可以容纳一组侦察照相机和电子情报系统，并可实现超声速飞行。VR-3是苏联空军装备的一种用于前线侦察的无人机系统（图1-16）。

图1-15　苏联图-123“鹰”远程无人侦察机

图1-16　苏联VR-3超声速无人侦察机

以色列的无人机技术是在中东战争中发展起来的，从美国引进无动力的UAV-A无人机诱饵，这种无人机可以由战斗机发射，使敌地空导弹雷达误以为是大规模空袭。20世纪70年代末，以色列自行研制了“萨姆森”（Samson）无人机诱饵，敌方防空导弹雷达一开机就遭到了以色列反雷达导弹的打击。随后，以色列飞机工业公司（IAI）和塔迪兰（Tadiran）公司分别研制出了具备战场实时监控的无人侦察机——“侦察兵”（Scout）和“猛犬”（Mastiff），见图1-17和图1-18。

图1-17　以色列“侦察兵”无人侦察机

图1-18　以色列“猛犬”无人侦察机

20世纪80年代后，以侦察为主的无人机得到迅速发展。

2001年10月17日，在阿富汗战场上，美军首次使用捕食者无人机发射“海尔法”导弹，摧毁了一辆塔利班的坦克，开启了无人机真正直接作战的时代。

21世纪以来，中国的无人机得到了前所未有的高速发展，拥有了从侦察无人机到攻击无人机、从军用无人机到民用无人机各种类型的无人机系统。

第2章

无人机的类型和布局

2.1 无人机的类型

由于无人机使用时没有人员安全性问题、研制周期短、相对成本低，使其得到广泛应用，已经发展出各种类型的新型无人机，并正在以令人难以预测的速度迅猛发展，其发展已经超过了有人飞机。目前，国内外对无人机的分类尚没有一个标准。我们根据现有无人机的构型、性能和使用环境做以下初步分类。

2.1.1 按无人机构型分类

常见的无人机按大类分型，通常有以下几类。

（1）无人飞机（固定翼无人机）

指机翼固定安装的无人机，外形布局类似有人驾驶飞机，通常有机身、机翼、平尾和垂尾，如图2-1所示。

图2-1 国产固定翼无人机

（2）无人直升机

通常是指可变距的单旋翼或双旋翼的无人驾驶直升机。

① 单旋翼无人直升机，通常设计有单轴驱动的两片（或多片）桨叶组成的旋翼。由于转动的旋翼对机身会产生反扭矩，所以设计有做侧向旋转的“尾桨”（或其他反扭矩装置）以抵消旋翼的反扭矩和控制机身航向。有的无人机还设计有辅助的短翼或垂尾。图2-2是中航工业集团公司研发的AV500单旋翼无人直升机。

② 共轴双旋翼无人机，也是目前常见的无人直升机（图2-3）。共轴双旋翼无人机通常在同一单轴上下安装两对旋翼，上、下旋翼的转动方向相反，这样上、下旋翼产生的扭矩相反，因而反扭矩相互抵消。共轴双旋翼无人机不再有长尾撑。

图2-2　AV500单旋翼无人直升机　　　　图2-3　共轴双旋翼无人机（北京中航智）

（3）多旋翼无人机

通常指呈中心对称布置的4个及以上（偶数）螺旋桨组成的多旋翼无人机（图2-4）。此类无人机其中一半数量螺旋桨与另一半数量螺旋桨的旋转方向相反，因此产生的反扭矩互相抵消。同时，此类无人机通过不同螺旋桨拉力大小的控制，就能实现向任意方向前进。

图2-4　六旋翼无人机（ZSY）

（4）自旋翼无人机

通常指旋翼在前进速度下做无动力被动旋转产生升力的无人飞行器（图2-5）。

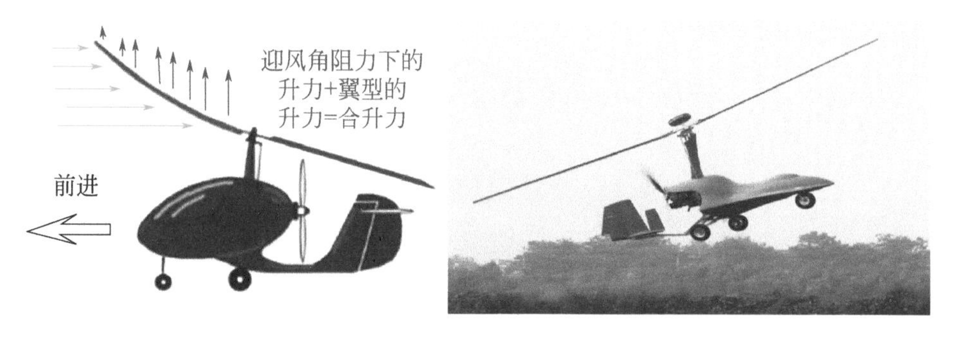

图2-5 自旋翼无人机

（5）微型无人机

又称“微型飞行器”（Micro Air Vehicle，MAV），指尺寸与重量超微小的无人飞行器（图2-6）。由于微型飞行器气动性能特殊，国际上把MAV从常规的UAV中分出来独立分类。

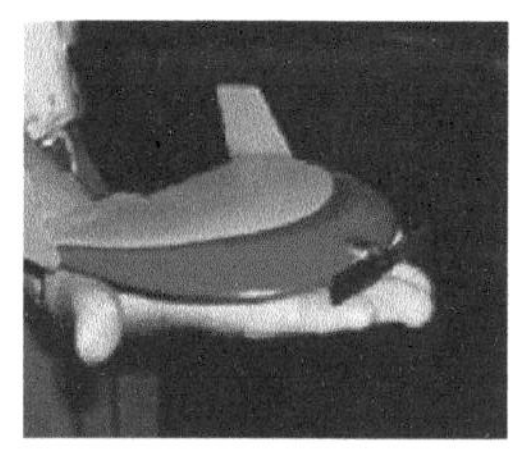

(a) 固定翼MAV

(b) 扑翼MAV

(c) 旋翼MAV

图2-6 微型无人机

（6）无人飞艇

指无人驾驶、轻于空气的无人飞行器（图2-7）。飞艇机体装有轻于空气的其他气体（如氦气或氢气），因此在大气中具有浮力。飞艇不同于气球，具有推进装置和控制系统。飞艇通常具有水平安定面与舵面、垂直安定面和舵面，具有多个推进螺旋桨。飞艇的最大特点是耗能小、留空时间长，而且对环境污染（排气污染和噪声）小。

图2-7　无人飞艇

2.1.2　按飞行速度分类

（1）低速无人机

通常指飞行马赫数小于0.3的无人机（图2-8）。

（2）亚声速无人机

亚声速无人机也称“高速无人机”，通常指飞行马赫数大于0.3、小于0.9的无人机（图2-9）。其中，飞行马赫数大于0.8的亚声速无人机又称为“高亚声速无人机”。

图2-8　低速无人机

图2-9　中国中程高速无人机

（3）超声速无人机

通常指飞行马赫数大于1、小于5的无人机（图2-10）。

(a) 美国D-21超声速无人机

(b) 中国超声速无人机

图2-10　超声速无人机

（4）高超声速无人机

通常指飞行马赫数大于5的无人机（图2-11）。高超声速无人机具有速度快、机动能力高、生存能力强、可适载荷种类多等特点，具有远程快速到达、高速精确打击等优点，是一种战略快速装备。高超声速无人机通常采用超燃冲压发动机。高超声速无人机由于高速运动摩擦，遇到的另一个难题就是“热障”。它主要是无人机飞行时由于激波和黏性的作用，其周围空气温度急剧升高，形成剧烈的气动加热环境，使一般无人机结构无法承受。为克服热障，首先精心设计无人机的飞行轨道和气动外形，降低了气动加热率；其次，采用热防护的方法，按防热机理分类有热沉防热、辐射防热、发汗冷却防热和烧蚀防热等方法。

(a) x-43高超声速无人机

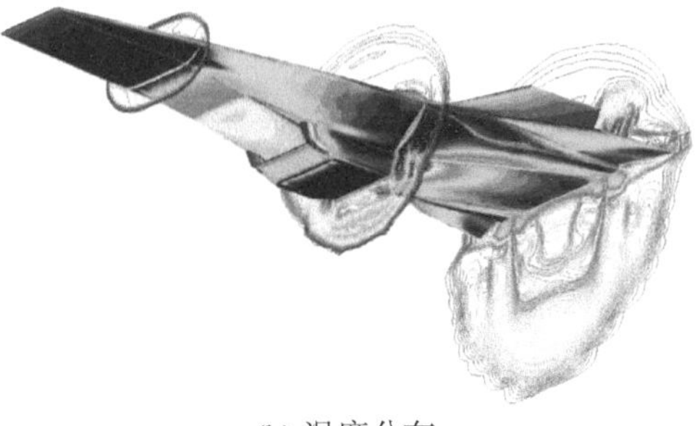

(b) 温度分布

图2-11　高超声速无人机

2.1.3 按飞行距离分类

（1）近程无人机

通常指飞行距离小于100千米的无人机。

（2）中程无人机

通常指飞行距离大于100千米、小于3000千米的无人机。

（3）长航时远程无人机

通常指飞行距离大于3000千米、航时40小时以上的无人机。

2.1.4 按飞行空间环境分类

不同空间高度飞行的无人机分类见图2-12。

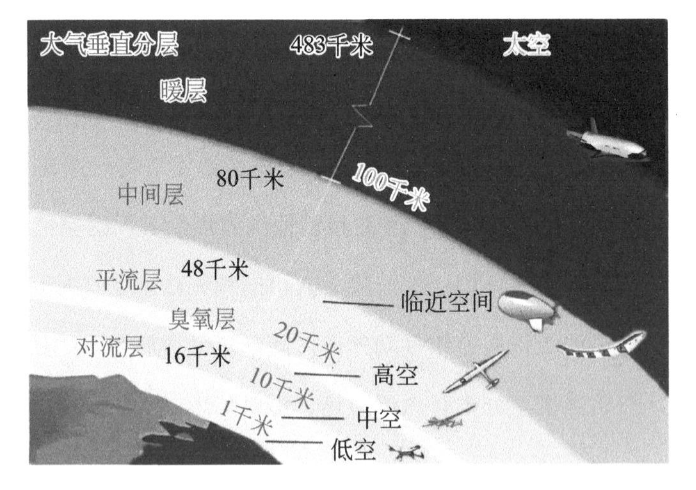

图2-12 不同空间高度飞行的无人机

（1）低空无人机

通常指飞行高度小于1千米的无人机。

（2）中空无人机

通常指飞行高度大于1千米、小于10千米的无人机。

（3）高空长航时无人机

通常指飞行高度可达到10千米以上的无人机。

（4）临近空间无人机（临近空间无人飞行器）

通常指飞行高度在20千米到100千米之间的无人机，通常为高超声速无人机和无人飞艇。临近空间无人机按飞行速度可分为两类：低速临近空间无人机和高速临近空间无人机（马赫数大于5.0）。低速临近空间无人机主要包括：平流层飞艇、太阳能无人机等。高速临近空间无人机主要包括：高超声速无人机、亚轨道无人机等。

（5）太空无人机（太空无人飞行器）

通常指在离地球表面100千米之外航行的无人机，这里不包括卫星。

（6）舰载无人机

指能够在民用船舶、军舰或航空母舰上起飞与着舰的无人机（图2-13）。舰载直升机可以在不同舰船上起降执行任务，但是受到速度和航程的限制。以航空母舰为起降基地的军用飞机，通常需要航程远、速度快的飞机。因此，通常用固定翼无人机作为航母的舰载无人机。

图2-13　舰载无人机起降

（7）水陆两用无人机

指既能在水上又能在陆地起飞和回收的无人机（图2-14）。因此，水陆两用无人机既具有能在陆地起降的起落架装置，又适于水面起降，如抗浪性。水陆两用无人机通常设计为高出水面的上单翼结构。

图2-14　水陆两用无人机

（8）潜射无人机

指能够在水下起飞的无人机（图2-15）。水下起飞无人机主要优点就是隐蔽性好。在军事上，水下起飞无人机可以由潜艇发射，无人机飞到空中执行侦察、反潜或攻击任务。与水下导弹不同的是，通常执行空中任务的水下起飞无人机还应回到潜艇内。无人机的水下回收技术较难，一是以无线通信导航方式，但需要克服水下无线电信号失效的问题；二是以有线线缆引导方式，这需要无人机到达潜艇附近空间时投放导引线缆，以及潜艇对线缆的捕获。

(a) 水下发射

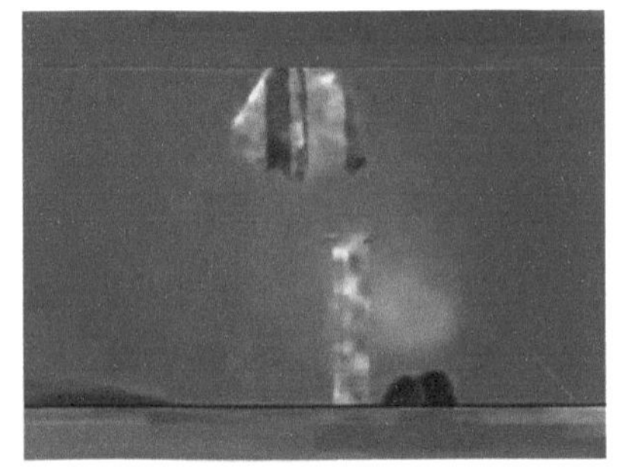

(b) 水下回收

图2-15　水下发射无人机

目前，也有将小型多旋翼无人机设计成水下和空中都能航行的航行器。当小型多旋翼无人机在水下航行时，螺旋桨拉力向前，起推进作用；当小型多旋翼无人机螺旋桨轴垂直向上时，无人机可以飞出水面，在空中航行。这种无人机具有侦察水下目标的潜在用途。

水下起飞无人机的动力装置与机体结构必须要进行防水设计和防海水腐蚀设计。

2.1.5 按动力形式分类

① 电动螺旋桨无人机（电动机）。

② 油动螺旋桨无人机（活塞式燃油发动机）。

③ 油电混合无人机（活塞式燃油发动机发电带动电动机）。

④ 油动无人直升机（活塞式燃油发动机）。

⑤ 涡轮螺旋桨固定翼无人机（涡轮轴发动机）。

⑥ 涡轮轴无人直升机（涡轮轴发动机）。

⑦ 喷气推进无人机（涡轮喷气发动机、涡轮风扇发动机或冲压喷气发动机）。

此外，常见的还有按无人机用途进行分类，由于其应用领域发展得越来越广阔，其分类特点将在第6章中介绍。

2.2 无人机的特点

作为早期的辅助应用航空器的无人机，现在之所以受到越来越多的重视，是因为无人机具有不同于其他航空器的许多特点。

（1）无飞行器机载人员的安全问题

航空安全是飞行器最重要的问题。无人机上无需机载人员，因此无人机即使失事，也不会像有人驾驶飞行器那样危及飞行员和机载人员的生命安全。尤其是军用航空器或执行高危险性任务的航空器，避免了人员因空中飞行可能伤亡的安全问题。

（2）大大减轻了飞行器的重量

由于无人机上没有飞行人员，因此可省去驾驶舱及其复杂的仪表设备和人工操纵机构（图2-16），也省去保障飞行人员的安全救生设备（如温度环境控制，气压、氧气保障设备和弹射、伞降等救生设备），从而无人机比有人驾驶飞行器大大减轻了重量，无人机的结构（图2-17）也可以相应简化，结构强度要求减小。

图2-16　有人驾驶飞机驾驶舱

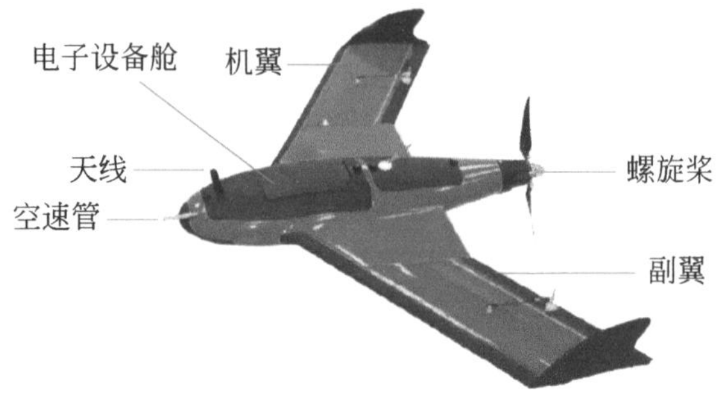

图2-17　一种固定翼无人机结构

（3）减去了机上驾驶人员需长时期训练的问题

航空器空中驾驶非常复杂，合格的飞行员要经过多年的训练。而无人机只需训练在地面操作的有关人员，因此大大缩短了研制周期和降低了成本，这正是无人机快速发展的一大原因。

（4）可以承受更高的过载

飞行器机动性越高，其飞行过载越大（图2-18），甚至超过驾驶员能够承受的程度，如过载系数（离心力与重量之比）大于10。而无人机无机载人员过载限制，因此可以执行更高的机动速度。

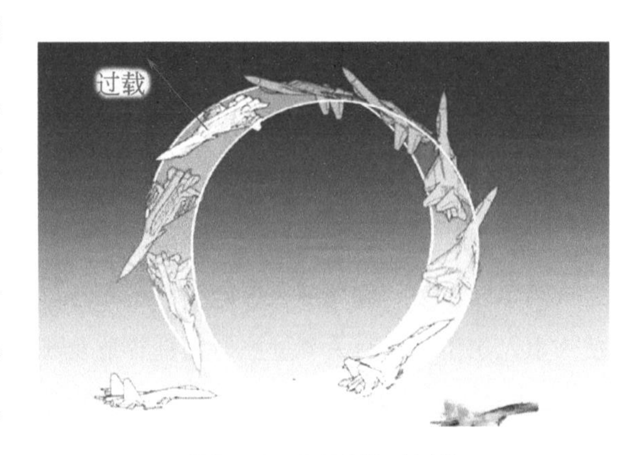

图2-18　飞行器机动过载

（5）能耗小、航时长

由于无人机相对重量轻、体积小，大大减少了承重要求和飞行阻力，从而大大降低了能源消耗，为此增加了留空飞行时间，如长航时无人机可达到连续飞行40小时，太阳能无人机甚至可以连续飞行30天。

（6）更利于隐身设计

由于无人机可以设计成体积小和更加扁平的形状，因此更便于设计为翼身融合、无垂尾等各种非常规布局，减小雷达散射面积等隐身设计，从而也增强了军事作战能力。

（7）减少了使用维护的程序和费用

无人机机载系统组成相对比较简单，机载设备和部件一旦出现故障，可以进行模块式更换，迅速修好再使用，因此大大减少了使用维护的程序和费用。

（8）起降容易和方便

无人机的起飞、着陆比有人驾驶飞行器大大简化。固定翼中小型无人机无需机场起降，即使大型固定翼无人机，特殊情况下也能在普通公路或平地上起降（图2-19）。旋翼类无人机更无需机场。目前，更有各种垂直起降的无人机纷纷出现。

图2-19　无人机在公路上起降

2.3 无人机的不同布局与构型

为了适应各种军用及民用的需求、各种使用环境的适应性和各种任务的特殊需求，各类无人机又发展出不同布局、不同形式的无人机。

2.3.1 固定翼无人机的不同布局

固定翼无人机最大的特点是飞行速度快、航程远、飞行稳定性好。为了满足不同飞行速度、不同飞行环境、不同任务设备、不同作战性能的要求，从常规布局无人机发展出各种形式布局的固定翼无人机。

（1）常规式布局

平尾和垂尾后置的布局如图2-20所示。其中，垂尾有单垂尾、双垂尾和多垂尾形式；平尾根据其相对于机身的位置又有中平尾、高平尾、斜垂尾、T形尾、V形尾等不同形式。常规式布局的特点主要是纵向稳定性较好。

（2）鸭式布局

平尾前置（又叫鸭翼）布局，通常垂尾后置或无垂尾（图2-21）。鸭式布局又有远距鸭式布局和近距鸭式布局之分，后者鸭翼对主翼具有近距耦合有利的气动干扰作用，减小主翼大迎角气流分离。鸭式布局的主要好处是操纵拉升机动性好，由于减小了尾翼配平阻力，从而提高了升阻比，但是降低了纵向静稳定性。

图2-20　常规式布局固定翼无人机

图2-21　鸭式布局固定翼无人机

（3）无尾式布局

通常指无平尾布局（有的仍有垂尾或翼尖小翼）（图2-22）。由于减去了平尾引起的配平阻力，提高了升阻比，并减轻了飞机重量，但是起降性能不如有尾布局。

图2-22 无尾式布局固定翼无人机

（4）双尾撑布局

通常指有一个前部机身和双尾撑及平尾的固定翼无人机布局形式（图2-23），主要可以将单螺旋桨设置在机身后部，不会因螺旋桨前置而遮挡侦察设备视线，同时可增加尾部刚度。

图2-23 双尾撑布局固定翼无人机

（5）双翼布局

① 串列式双翼布局无人机。

通常指机身前后布置两个机翼的布局（图2-24），其中一个机翼可以起到“鸭翼”的作用，但是小的鸭翼只对纵向起平衡作用。串列式双翼布局是一种“抬式”飞机，与常规布局无人机相比，可以提高升力，但是在保证升力大小情况下，其机动性有所下降，另外增加了结构重量。通常，前后机翼不在同一水平面上，以减小干扰阻力。

② 联翼布局无人机。

联翼布局无人机的前后机翼，在机翼两端的翼尖处结构相连（图2-25）。此布局设计前机翼后掠并有一定的上反角，后机翼前掠并有一定的下反角；两个

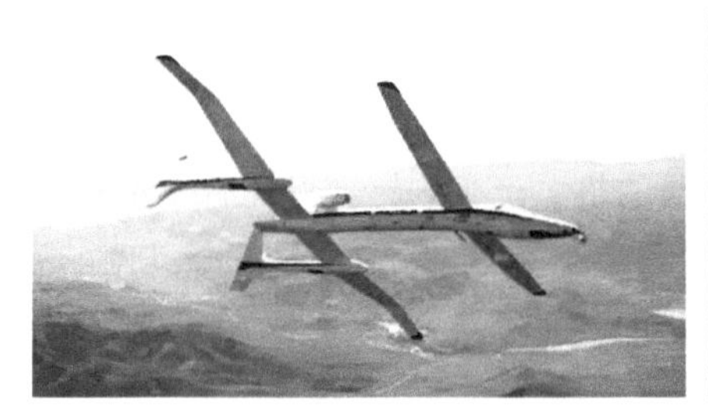

图2-24 串列式双翼布局固定翼无人机

图2-25 中国“翔龙”联翼固定翼无人机

机翼不在同一水平面上。通常，联翼布局无人机将前翼作为主升力面，类似于串列式双翼，前后机翼都可以产生升力。

（6）翼身融合体布局

通常指机身与机翼连接处光滑平缓过渡的曲面融合形式。这种布局可以增加升力和改进大迎角气动特性。

一种是“翼身融合体”，有明显的机身，但机身与机翼有比较大的曲面融合过渡（图2-26）。机身本身也产生升力，可获得更高的升阻比和更小的燃油消耗量，并且隐身特性较好。

另一种是“飞翼式布局”，一种无明显机身、无尾翼的单一机翼式布局（图2-27）。飞机布局和内部系统高度集成，其浸湿面积也大大小于同量级的传统布局飞机，并且隐身特性好。通常将飞翼式无人机内部结构的中间部分设计成翼身融合的曲线框架。与同量级传统布局的飞机相比，飞翼式布局具有更轻的重量，升力特性好，阻力小。

图2-26　X-45翼身融合体无人机

图2-27　飞翼式无人攻击机

（7）升力体布局

通常指无人机的主体为机身，没有明显的机翼，有的尾部设计有平尾和垂尾，是为高超声速无人机（图2-28）设计的，飞行马赫数通常为5～20。机身通常设计为“乘波体”，即利用楔形下表面激波后的压力升高产生升力（图2-29），因此机身为无人机的主要升力部件。

图2-28　高超声速无人机

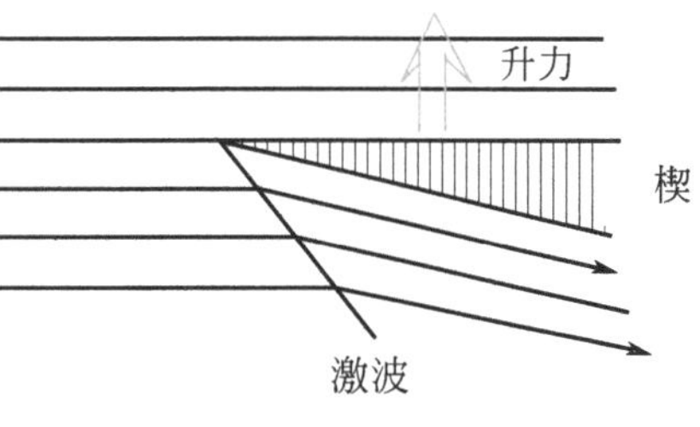

图2-29　乘波体升力原理

2.3.2　旋翼无人机的不同布局

旋翼无人机最大的特点是可以垂直起降和空中悬停。为了增大承载能力和提高无人机的稳定性，发展出各种新型旋翼无人机。

图2-30　单旋翼无人机

（1）单旋翼布局

单旋翼布局无人机（图2-30）结构相对紧凑，技术成熟。旋翼的桨叶具有变桨距机构。为了平衡旋翼对机身的反扭矩，通常需在机身尾部安装尾桨以抵消反扭矩。

图2-31　横列双旋翼无人机

（2）横列双旋翼布局

横列双旋翼无人机（图2-31）两轴旋翼转动方向相反，因此旋翼的反扭矩互相抵消。另一方面，双旋翼可增大承载能力。横列双旋翼无人机的横向稳定性优于单旋翼无人机，而且可以做直接侧向运动。

有的双旋翼无人机为了减小横向尺寸，缩短两轴距离，采用两旋翼桨叶交叉旋转特殊机构（图2-32），保证两轴旋翼桨叶之间不会碰撞。

图2-32　横列交叉双旋翼无人机

（3）纵列双旋翼布局

纵列双旋翼布局无人机（图2-33）是沿机身纵向安装两副转向相反的旋翼，使反扭矩相互平衡抵消。同样，双旋翼可增大承载能力。纵列双旋翼无人机的纵向稳定性优于单旋翼无人机。纵列双旋翼无人机前后旋翼面通常不在同一水平高度，从而避免碰撞（图2-34）。

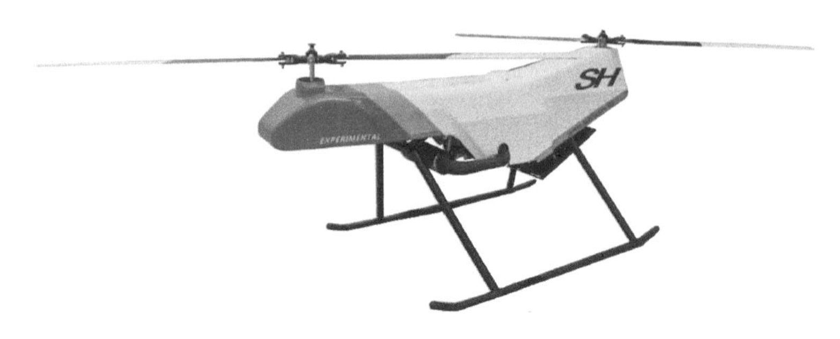

图2-33　纵列双旋翼无人机

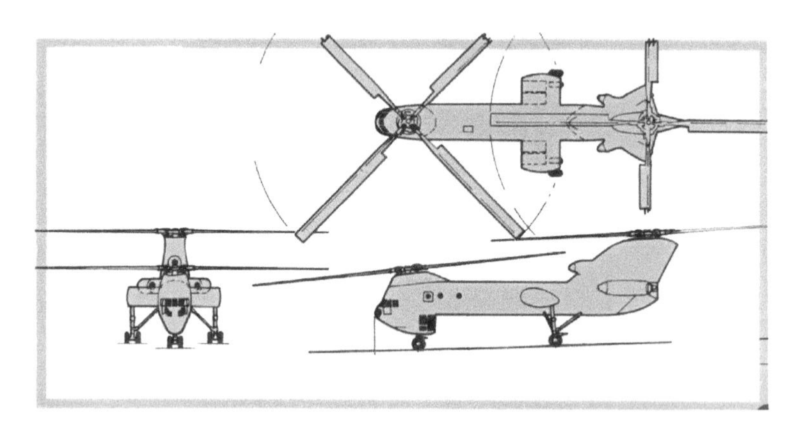

图2-34　纵列双旋翼无人直升机布置图

（4）共轴双旋翼布局

图2-35　共轴双旋翼无人机

共轴双旋翼布局无人机（图2-35）上下两副旋翼共轴安装，上下旋翼转动方向相反，因此产生的反扭矩相互平衡。共轴双旋翼无人机体积相对较小，有的可以设计成柱状机身。图

2-36是以色列的“萤火虫”共轴双旋翼柱状无人机。

图2-36　共轴双旋翼柱状无人机

（5）不同布局多旋翼无人机

多旋翼无人机通常指具有四轴以上旋翼的无人机（图2-37）。多旋翼无人机是21世纪迅速发展出来的新型无人机，主要为小型无人机，同样具有垂直起降和空中悬停功能。多旋翼通常采用定距螺旋桨，主要依靠电机控制升力和飞行方向，结构和控制机构简洁。

旋翼个数通常为偶数，每两副旋翼转向相反，并且呈中心对称分布，因此所有旋翼的反扭矩都相互抵消。多旋翼无人机有四轴型、六轴型、八轴型……直至十八轴型等形式。旋翼个数的增加主要是为了增大无人机承载能力，但是旋翼个数的增加，并不是与承载能力完全成正比，因为随着旋翼个数的增加而能源（电池）重量大大增加，因此有效载荷相应减小，并且续航时间缩短。

多旋翼无人机的稳定性比单旋翼无人机和双旋翼无人机好，具有良好的机动控制性，因此在军用、民用方面都得到广泛的发展。

图2-37　多旋翼无人机

2.3.3　复合式无人机的不同布局

如何能实现垂直起降又能巡航时快速

飞行，一直是无人机重要的发展方向。将旋翼无人机与固定翼无人机两者飞行模式结合起来的垂直起降的无人机布局设计，做垂直起降的旋翼并不做机构倾转、另设置有专门机翼模式飞行的推进螺旋桨。这类无人机常被称为“复合式垂直起降无人机”。复合式垂直起降无人机通常少不了“旋翼”，也少不了“固定机翼”，但是如何复合，却又有多种形式。

（1）简单组合式无人机

这类简单组合式垂直起降无人机（图2-38）最主要的特点是旋翼并不倾转，是旋翼模式和固定翼模式的简单组合，控制比较简单。缺点是旋翼动力装置在固定翼模式下成为“多余”部件。

其垂直起飞阶段为旋翼模式飞行，完全按四旋翼的推力进行垂直起飞，在此阶段尾推电机不工作。垂直起飞—平飞过渡转换阶段，无人机依靠四旋翼系统稳定在特定高度点，尾部推进电机启动并进入最大功率状态，使飞机以最短时间达到预定转换速度，接着四旋翼电机停止工作。

无人机巡航转为固定翼模式飞行，无人机仅依靠尾推（或前拉）螺旋桨进行飞行。由于四旋翼模式飞行的电机及螺旋桨与固定翼模式飞行的推进电机及螺旋桨是相互独立的动力系统，因此该组合式无人机比倾转旋翼无人机的飞行控制要简单得多。

图2-38　简单组合式垂直起降无人机

（2）可倾转双旋翼无人机

可倾转双旋翼无人机（图2-39）是通过旋翼改变轴向实现旋翼机和固定翼机两者的飞行功能。

(a) 旋翼模式(垂直起降)

(b) 固定翼模式(巡航)

图2-39　可倾转双旋翼无人机

可倾转双旋翼无人机具有固定翼无人机的基本构形和两副旋翼，并且两副旋翼可以从垂直轴旋转状态倾转至水平轴旋转状态。当旋翼面垂直向上运转时，无人机可以垂直起飞或垂直降落；当旋翼轴转向水平时，无人机可以像固定翼无人机一样依靠机翼升力和旋翼推进力飞行。

倾转旋翼机的纵向姿态主要是通过前后移动驾驶杆来控制的。直升机模式下，前后移动驾驶杆，使旋翼的纵向周期变距成比例地变化。在过渡模式，前后移动驾驶杆，不仅使旋翼纵向周期变距成比例地变化，同时使升降舵也成比例变化。但随着发动机短舱由垂直位置转到水平位置，纵向周期变距操纵也随着逐渐失效，而升降舵操纵越来越有效。在固定翼模式下，纵向周期变距操纵完全失效，俯仰控制只能依靠升降舵操纵。

倾转旋翼机的倾转过程控制是指无人机在直升机模式和固定翼模式之间的相互转换，也是倾转旋翼无人机最需要解决的技术难题。在倾转过渡模式下，需要新的控制方法和配平策略来保证两种飞行模式下转换的连续变化和安全可靠性。旋翼轴角度从0度（垂直方向）转为90度（水平方向）。为了倾转控制的稳定性，通常将平滑过渡过程分成三个阶段（图2-40）：

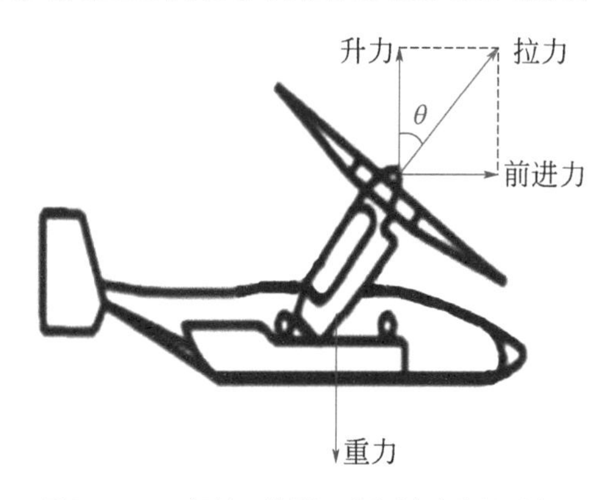

图2-40　可倾转双旋翼无人机过渡阶段受力图

① 启动旋转阶段，旋翼轴从零转速逐步加速旋转，直至规定转速；② 稳定旋转阶段，按照规定转速持续旋转；③ 减速停止阶段，旋翼轴从规定转速逐步减速到 0 。

图2-41　可倾转三旋翼无人机

（3）可倾转三旋翼无人机

可倾转三旋翼无人机（图2-41）是三旋翼直升机和固定翼飞机的综合体，由旋翼、机翼、机身、平尾、垂尾、舵面和倾转机构组成。三个旋翼中，左右旋翼能够前后倾转，尾旋翼能够左右倾转。左右旋翼处于垂直位置时，对应直升机模式，飞机可垂直起降和空中悬停，三个旋翼共同提供升力，尾旋翼可以左右倾转控制偏航角；左右旋翼处于水平位置时，对应固定翼模式，左右旋翼提供拉力，升力完全由气动力提供，尾旋翼停止转动；左右旋翼处于两种飞行模式之间时，对应过渡模式。

可倾转三旋翼无人机在起飞时，由三个旋翼提供升力，比起双倾转旋翼无人机具有更大的承载能力，更容易控制纵向稳定性和俯仰姿态，这是因为，后旋翼可以调节无人机的纵向力矩。可倾转三旋翼无人机过渡阶段控制（图2-42），由于增加了尾旋翼的力矩，比起双倾转旋翼无人机，更容易完成姿态和位置的平稳过渡。

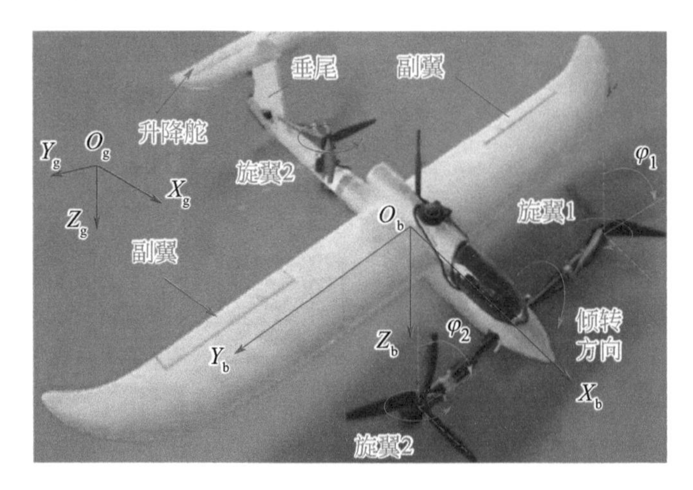

图2-42　可倾转三旋翼无人机过渡阶段受力图

但是可倾转三旋翼无人机的旋翼数为奇数，前面两个旋翼转向相反，可以相互抵消反扭矩。尾旋翼设置可以左右偏转，可针对尾旋翼转速设置一个横向小偏量，其对重心产生的小偏航力矩可以抵消自身的反扭矩。此外，在固定翼模式飞行时，尾旋翼停止工作，成为“死重”和阻力器件。

（4）可倾转四旋翼无人机

可倾转四旋翼无人机（图2-43、图2-44）是针对双倾转旋翼无人机的不足所提出的一种改进方案。其主要的改进有两个方面：一方面由于可倾转四旋翼无人机旋翼数量较双倾转旋翼无人机增加了一倍，所以，如采用同样大小的旋翼，可倾转四旋翼无人机可以获得更大的有效载荷；另一方面，过渡阶段（图2-45）飞行时，由于机身上前后的两对旋翼，使得无人机在倾转过渡过程中，纵向平面的稳定性加强，进而减小了其控制难度，可以使得倾转过渡过程更加平稳，增加了无人机的安全性。

图2-43　可倾转四旋翼无人机

图2-44　可倾转翼尖四旋翼无人机

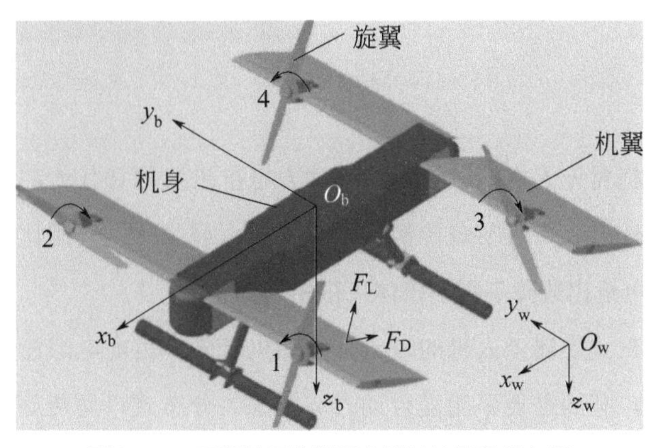

图2-45　可倾转四旋翼无人机过渡阶段受力图

在四旋翼模式飞行时，只要通过调节四个旋翼的转速就能实现四种基本的直升机飞行控制方式，即垂向高度控制、滚转控制、俯仰控制以及偏航控制。作为固定翼模式飞行时，不但双机翼呈抬式飞机模式，增大了载荷能力，而且前后翼舵面操纵可以保持纵向稳定性和提高俯仰控制能力。

但是，四个旋翼布局增加了动力系统的重量和能源的消耗。

（5）可倾转分布式旋翼无人机

传统倾转旋翼机无法实现无人机的长航时、大载重，需要大功率的发动机实现垂直起降，使得无人机对减重要求的矛盾难于解决。因此，一种利用小重量分布式动力系统的垂直起降无人机应运而生。例如，采用小重量的分布电动机来替代两台大重量的燃油发动机，便能很好地解决上述问题。

可倾转分布式旋翼无人机的直升机飞行模式与固定翼飞行模式如图2-46和图2-47所示。

图2-46　可倾转分布式旋翼无人机的直升机飞行模式

图2-47　可倾转分布式旋翼无人机的固定翼飞行模式

对于倾转旋翼无人机，以更多的小动力电推进装置替代大功率的涡轮发动机，承载能力较大，并且节省能源。机翼采用大展弦比，升阻比大，气动效益高。而且个别电机出故障不影响整体飞行控制。

可倾转分布式旋翼无人机的缺点是发动机较多，目前电池能源难以满足较大无人机需求，有的需要采用混合动力与能源。分布式可倾转旋翼无人机（图2-48）的机翼连同旋翼一道倾转，转动惯量大，转动机构较复杂。

在固定翼模式飞行时，动力富余，因此，部分动力螺旋桨系统停止工作，成为固定翼模式飞行时不必要的重量负担。

（6）尾座式倾转旋翼无人机

尾座式双旋翼垂直起降无人机（图2-49）比起其他垂直起降无人机结构简单，无需旋翼倾转机构和机翼专门的倾转机构，只要通过舵面控制，就能实现整个无人机弧形曲线上升并整体光滑倾转，直至机翼水平。

图2-48　分布式可倾转旋翼动力系统的无人机

图2-49　尾座式双旋翼垂直起降无人机

过渡阶段，尾座式双旋翼无人机做整体倾转，因有较大速度方向的拉力和前进速度，起飞时的倾转过程快，稳定性好（图2-50）。

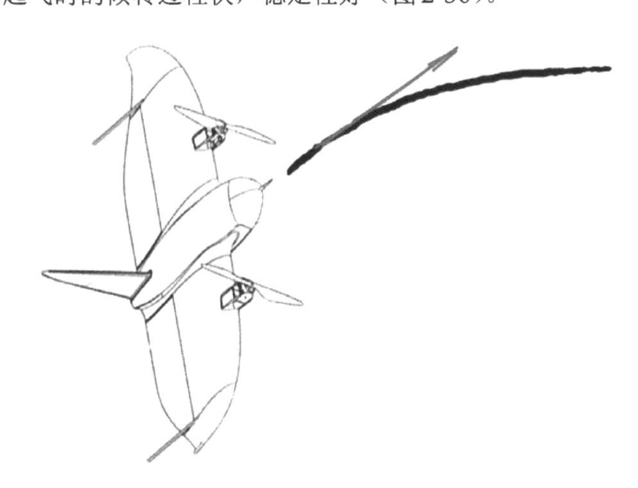

图2-50　尾座式双旋翼无人机过渡阶段受力示意图

图2-51 尾座式双旋翼鸭式布局无人机

当尾座式双旋翼垂直起降无人机做固定翼模式飞行时，机翼升力成为承重主体，旋翼成为推进螺旋桨。

尾座式垂直起降无人机主要缺点是：因为不适合设计为平尾在后的常规无人机布局，只能设计成飞翼式布局或鸭式布局（图2-51），机身短，无人机的纵向稳定控制困难，难于实现空中悬停模式。尤其是，垂直降落状态时，无人机易受侧风干扰，机体姿态易摆动，这时无人机舵面都失去作用。

尾座式四旋翼鸭式布局无人机（图2-52）承载能力比双旋翼尾座式垂直起降无人机大。过渡阶段速度快、时间短，与飞翼式相比，其控制俯仰姿态和纵向性能更有利。

（7）可倾转涵道风扇无人机

涵道螺旋桨通常称为“涵道风扇”(Ducted Fan)（图2-53），这是因为涵道风扇的桨叶比常规螺旋桨的桨叶宽，且桨叶数量多。

在同样功率消耗下，涵道风扇与同直径的孤立螺旋桨比较，可产生更大的拉力。涵道风扇的结构紧凑、体积较小。由于涵道的环括作用，气动噪声低。涵道风扇无人机还有一个优点是，避免高速旋转的桨叶与周围的人或物碰撞，因此使用安全性好。

涵道风扇无人机也有其缺点：首先涵道结构增加了无人机的重量；此外，

图2-52 尾座式四旋翼鸭式布局无人机

图2-53 涵道风扇

在倾转过渡阶段飞行时，涵道风扇系统会产生比较大的俯仰力矩（图2-54）。

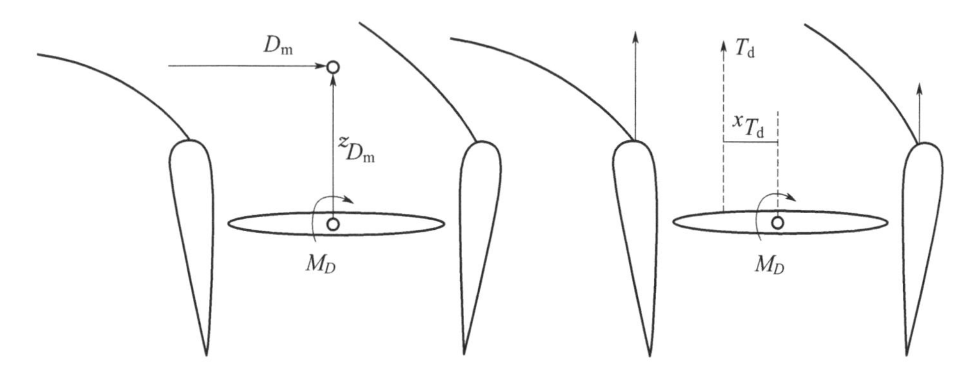

图2-54 涵道风扇受力示意图

涵道壳体飞行中增加了阻力。该阻力一部分是涵道迎风阻力，另一部分是气流弯转穿过涵道过程中水平方向动量损失造成的涵道动量阻力。

涵道式倾转旋翼无人机基本布局和基本性能与无涵道倾转旋翼无人机相似。单涵道风扇无人机（图2-55）结构上比较简单，涵道内的单个螺旋桨是主要的升/推力产生机构。

螺旋桨旋转所产生的反扭矩由涵道机体下方的固定片以及控制舵面来平衡，固定片位于螺旋桨的尾流当中，流经的气流在具有翼型的固定片上产生压力差，由此产生的力矩可平衡螺旋桨的一部分反扭矩。在涵道风扇尾部安装有一组控制舵面（图2-56），用于改变螺旋桨尾流的流出方向，以控制无人机的飞行姿态和平衡螺旋桨的反扭矩。

图2-55 单涵道风扇无人机

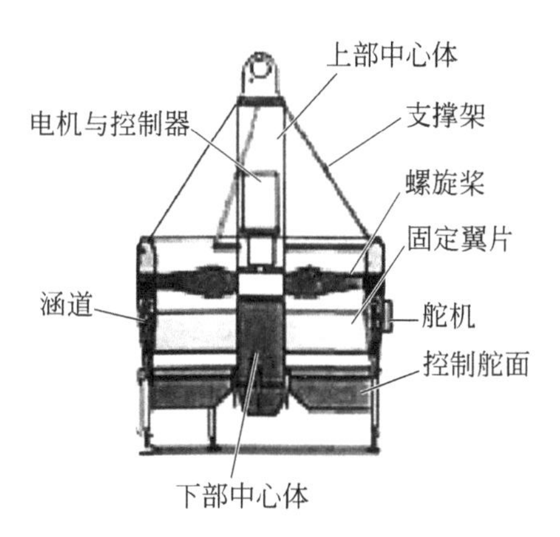

图2-56 单涵道风扇无人机结构图

单涵道风扇无人机技术并不成熟，目前的单涵道风扇无人机都没有实现涵道水平姿态飞行，原因是：水平状态下的涵道壳体，有迎角时的升力尚很难维持无人机的重量；单涵道风扇无人机姿态稳定控制难度大；涵道内旋翼与舵面气动干扰复杂。

涵道与机翼复合无人机（图2-57）是目前涵道无人机的主要发展方向。

双涵道风扇（图2-58）和分布式多涵道风扇布局无人机（图2-59、图2-60）更有利于设计可倾转旋翼复合型无人机。双涵道风扇或多涵道风扇设计成每一对螺旋桨转向相反，则可抵消旋翼反扭矩。多涵道风扇无人机在直升机模式飞行时，涵道垂直升力效率高。多涵道风扇无人机的旋翼与机翼气动干扰比无涵道螺旋桨与机翼气动干扰小。

但是，多涵道风扇动力装置增加了机翼的弯矩，对机翼强度与刚度要求更高。此外，涵道式倾转旋翼机在斜流状态不同条件下系统的拉力和侧向力变化

图2-57　单涵道风扇复合无人机

图2-58　双涵道风扇复合无人机

图2-59　分布式涵道风扇复合无人机固定翼模式

图2-60　分布式涵道风扇复合无人机旋翼模式

更大。由于来流的影响，无人机系统的拉力与悬停状态相比大大减小，拉力的减小主要是由于涵道拉力的减小和阻力增大造成的。该阻力一部分是涵道迎风阻力，另一部分是气流弯转穿过涵道过程中水平方向动量损失造成的涵道动量阻力。

（8）扇翼无人机

扇翼机（FanWing）最早是由美国Patrick Peebles研发的，包括扇翼无人机和扇翼有人机，其飞行原理与固定翼无人机和旋翼无人机截然不同。扇翼机的“旋翼”是一个与前进方向垂直的水平轴“长风扇”（图2-61）。在机翼的表面安装了类似于松鼠笼的圆柱体，圆柱体中则是连接发动机的带状传动装置所驱动的横流风扇（图2-62）。

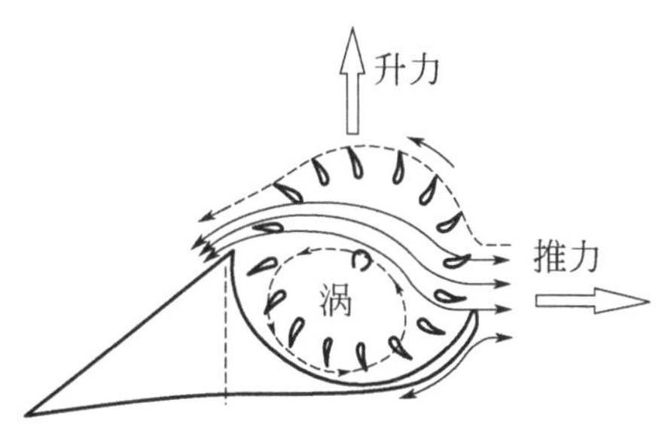

图2-61　扇翼机的升力与推力产生的原理

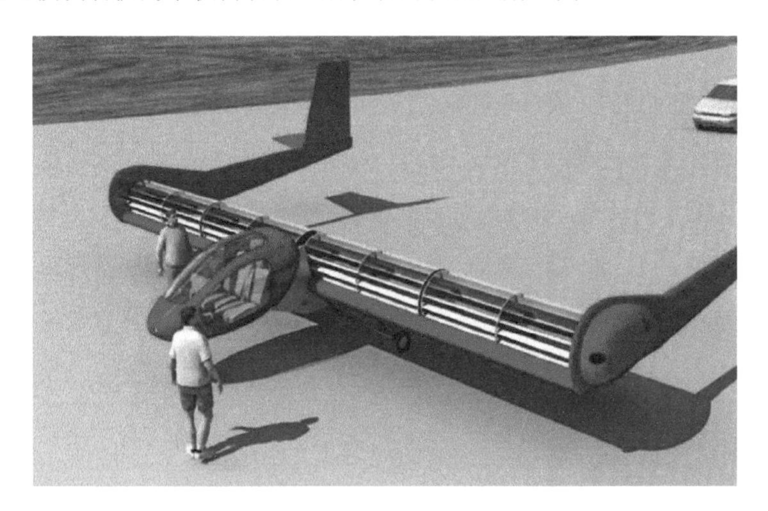

图2-62　大载荷扇翼机

扇翼升力有两个来源：① 和常规机翼类似的机翼上下压差；② 扇翼内部低压涡流与机翼下方的压差。扇翼80%的升力来源于横流式风扇内部存在的偏心涡。扇翼不但可产生升力，而且可产生推力，因此扇翼机可以低速前进。

正是因为如此设计，扇翼无人机相比于普通固定翼无人机的优点在于：它不需要长距离的飞行跑道，具有超短距离甚至原地起降的优势。

此外，扇翼无人机（图2-63）还具备有良好的操控感、大迎角不失速、噪声小、安全性高等特点，十分适合在城市内飞行。扇翼无人机的主要缺点是飞行速度较慢，大约为50km/h，无法满足快速交通或快速巡航的需求。

图2-63 扇翼无人机

（9）复合式无人直升机

常规的复合式无人直升机（图2-64、图2-65）又称“旋翼卸载复合式垂直起降无人机”，即常规的无人直升机加上固定机翼和尾翼，通常另有推进动力装置。

此类复合式无人机，之所以又称复合式无人直升机，其保留了直升机基本特征：大承载能力，垂直起降，可垂直悬停。飞行控制方式几乎与直升机一样。

不同的是，前飞时短机翼可以产生部分升力，总升力大于常规直升机，或者减小旋翼载荷，减小能源消耗。前飞时，其水平尾翼和垂直尾翼舵面可以控制俯仰和航向，比直升机控制俯仰和航向更方便。

图2-64 复合式无人直升机

图2-65 双机翼复合式无人直升机

由于旋翼卸载式复合式直升机本质上仍是直升机构型，其巡航飞行时的效率仍然较低，无法大幅提高其巡航状态的飞行性能。前飞时，直升机旋翼仅稍卸载，不能停止工作，不能像固定翼飞机仅依靠机翼升力高速飞行。直升机旋翼和机翼推进发动机同时工作，能源消耗也较大。

（10）旋翼转换复合式无人机

与常规的复合式无人直升机不同的是，旋翼转换复合式无人机（图2-66、图2-67）在起飞降落过程中利用旋翼提供飞行所需的升力，但是在巡航飞行时旋翼停转，旋翼转变成机翼与其他翼面同时提供升力。

图2-66　X-50旋翼转换复合式无人验证机（美国）

图2-67　X-50复合式无人机垂直起飞

这种复合式无人机若要实现高速前飞，不是加装独立的机翼，而是将原来旋转的直翼或X翼停转，成为直机翼或X型固定翼（图2-68），由其他动力推进产生升力飞行。此类复合式无人机前飞时，可达到高亚声速飞行能力，因而飞行包线明显增大。

图2-68　X型固定翼垂直起降无人机

此类无人机尚在发展中。由于旋翼兼具机翼，不能像常规直升机一样设计高升力桨叶翼型，停转翼的桨叶翼型必须是所谓的“双尖头”形状。此外，飞行中“启转”和“停转”要求复杂的操纵机构和自动控制技术。另外，从旋翼模式稳定转换到固定翼模式的过渡阶段，目前仍然是一个难题。

2.3.4 水上无人机的不同布局

（1）水上起降无人机

水上飞机（图2-69、图2-70）是利用水面（如海洋、湖泊与江河）起飞、降落与停靠的飞行器。水上飞机不仅应具备普通飞机的气动特性和空中飞行能力，还要保证能在水面起飞、降落和水面航行的水动特性。水上无人机是从水上飞机演变过来的，可方便执行水面侦察、反潜、监控与运送物资等任务。

图2-69 水上起降飞机

图2-70 水上起降飞机和无人机

水上飞机必须有能在水中产生浮力的部件。水上飞机的浮力部件，一种是由飞机的机身兼作浮筒，承载能力大。机身通常设计为斧刃形的较大船体。当飞机停泊在水上时，大容积的船体所产生的浮力，就会使飞机浮在水面上并且不会下沉。在需要起飞时，螺旋桨发动机产生的拉力，就会拉着它以相当快的速度在水面上滑跑。伴随着速度的不断增加，机翼上产生的升力慢慢克服了飞机的重力，从而把飞机从水面上逐渐升起来，成为在空中的飞行器。而在它完成空中任务之后，自然也要重返水面，从而成为一只可以在水上滑跑的航行器。

水上飞机（包括无人机）的机翼通常设计为上单翼，发动机也在机体的上部。

另一种是专门设计有1个或2个大浮筒，浮筒的浮力能够承载全机的重量，又称为“浮筒水上飞机”（floatplane）（图2-71、图2-72）。这种水上飞机或无人机，一般多是小型飞机，在机身下方装有浮筒，将机身与水面分离。有些水上飞机在机翼两边还装有小型辅助浮筒，以避免飞机因为往两侧倾斜还有翻覆的危险。只有一个浮筒设计的水上飞机，浮筒位于机腹正下方；两个浮筒设计的水上飞机，浮筒则是分别位于机腹两侧的位置。

图2-71　水上起降浮筒无人机

图2-72　水上起降浮筒飞机

但水上飞机的弱点是显著的，由于水上起降要求有良好的水密性，水上飞机的结构重量、飞行阻力偏大，载荷、航程、速度等方面都不及同等级别的普通陆上飞机。水上飞机不适宜在机翼上外挂装备。另外，水上飞机直接与海水接触，在抗腐蚀、维护保养方面也要比陆上飞机花费更多代价。

海洋上的涌和浪是海水受自然界各种因素影响造成的能量运动。这种水的能量运动作用到高速滑行的水上飞机船身上，会造成瞬时的吃水增加，滑行阻力增大，撞击过载升高，喷溅性能变差，同时还会使水上飞机稳定性变坏。在正常起飞重量下，海面航行、起飞和降落过程中所能承受最大风浪的能力，称之为水上飞机的抗浪性。随着水上起飞重量的增加，水上飞机的抗风浪难度逐渐增大。

（2）水陆两栖无人机

水陆两栖飞机（amphibian）是指可以加装或者是本身就有机轮，能够直接在陆地上起降，也能在水上起降的飞机。这一类飞机可以视需要在水面或者是陆上机场活动，因此称为“两栖飞机”。当然，无人驾驶的水陆两栖飞机，就是水陆两栖无人机。

通常水陆两栖飞机和无人机，是机身本身作为“浮筒”的。与水上起降飞机不同的是，水陆两栖飞机必须还有在陆地起降的起落架装置（图2-73、图2-74）。这种起落架的支撑杆一般比较短小，有的还能向两侧收放。

图2-73 固定起落架水陆两栖飞机

图2-74 可收放起落架水陆两栖飞机

（3）地效无人机

地效飞机和无人机是贴近地面（或水面）飞行，利用地面效应提供支承力而飞行的航空器（图2-75、图2-76）。由于很少有大范围平坦而又适于产生地效升力的飞行场地，所以绝大多数实用的地效无人机是用于水面上的。

图2-75　地效飞机

图2-76　地效无人机

地效无人机贴近地面或水面飞行时，气流流过机翼后会向后下方流动，除了产生常规的机翼升力外，这时地面（或水面）将产生一股反作用力，当它在距离地面（水面）等于或小于1/2翼展的高度上飞行时，整个机体的上下压力差增大，升力会显著增加，诱导阻力减小，因而可以大大提高飞行效率。大部分地效无人机都被设计为在水面上运作，因为水面比地面平滑和少障碍物，不但危险度较低，而且地效无人机在不运作的时候，还可以利用水面浮力来承受机体重量，可以在水面起飞和降落。地效无人机与常规陆上无人机相比，升力大，承载重量大。地效无人机与常规水上无人机相比，飞行时机体不入水，阻力大大减小，机动性强，航行速度快。地效无人机载量大、隐身效果好、适航性优异，能贴近地面或水面飞行，既可在水面和陆地上起降，也可在浪高1.5米以下的水面飞行。

近年来，新设计的地效无人机，最大起飞重量可达3000千克，最大有效载荷达1000千克。

地效无人机有广泛的用途，如用于海上运输、海上救援、海上巡查，以及在其他平坦地域执行任务。由于地效无人机贴地飞行，可以避开雷达的探测，可被用于登陆、运输补给、反舰作战、反潜作战、扫雷布雷、侦察巡逻等。

2.3.5　仿生无人机的不同布局

人类最早就是受到鸟的启发而渴望向空中飞行，但早期人类单纯模仿鸟翼（如手臂上绑上羽毛）飞行并不成功。仿生无人机与常规无人机最核心的不同原理在于：不是依靠运动的机翼或旋翼产生升力，而是如鸟与昆虫利用扑翼

（flapping wing）产生升力和前进力。扑翼无人机的发展时间并不长，于21世纪初才真正实现成功的控制飞行。扑翼在小型的无人机上获得成功，为仿生扑翼无人机的研究提供了基础。仿生扑翼无人机由于体积小、重量轻、隐蔽性好，可以执行特殊环境下的侦察、干扰和其他任务。

（1）仿蝙蝠和小鸟无人机

研究和试验表明，扑翼产生的升力与扑动频率、扑动幅度、扑动柔性变形等有关（图2-77）。而扑翼产生推力的来源不仅与绕流气动力方向有关，还在于扑翼俯仰运动所产生的特殊尾涡——反卡门涡街的作用。

(a) 美国扑翼实验结果

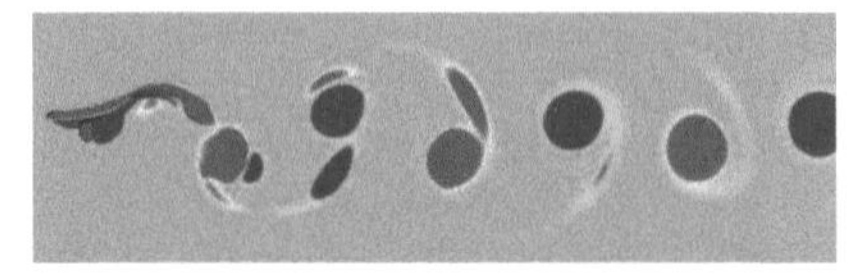

(b) 南京航空航天大学数字仿真气动计算结果

图2-77　扑翼尾涡反卡门涡街的推力机理

产生像小鸟翼或蝙蝠翼一样最基本的上下扑动和柔性结构带动的弦向扑动，关键是设计由转动到扑翼往复摆动的“扑动形态实现机构”（图2-78）。目前常见的单自由度扑动形态实现机构是曲柄摇杆扑动机构。

(a) 美国“蜂鸟”

(b) 南京航空航天大学CN扑翼机

图2-78　仿蝙蝠和小鸟无人机

（2）仿大鸟变形翼无人机

为了更好地模仿大型鸟类翅膀低频、高效变形的运动规律，德国和中国都设计了一种变速-柔性折叠的多段扑翼无人机的扑动模型（图2-79），即仿生翼不但有展向上下扑动，而且翼中段有上下不一样的弯曲变形和弦向扑动，从而产生较大的升力和推力，并能提高气动效率。

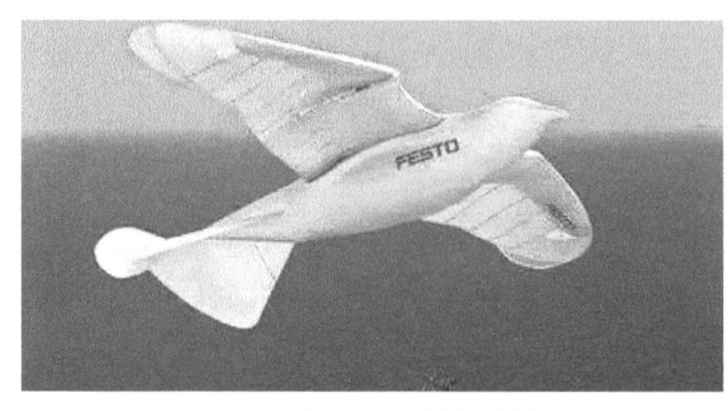

(a) 德国Festo的机器鸟

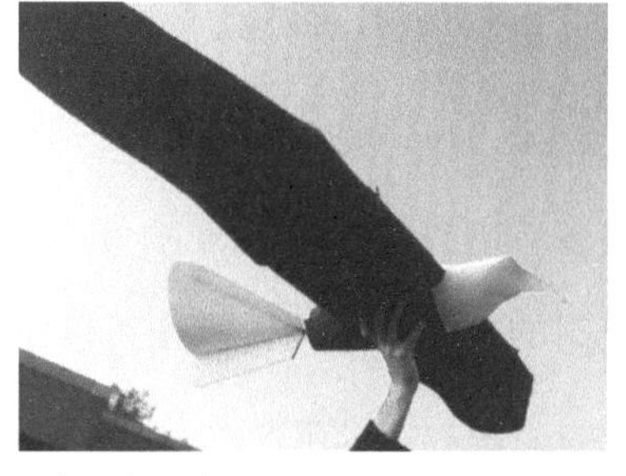

(b) 南京航空航天大学仿海鸥扑翼无人机

图2-79　仿大鸟变形翼无人机

（3）仿蝴蝶/蜻蜓多扑翼无人机

研究发现，蜻蜓与蝴蝶具有高超飞行技巧，分别具有独特的双对扑翼，能快速启动、均衡前飞、长时间悬停和绝妙地机动飞行（图2-80）。这种前后双扑翼，有时做0°同向相位扑动，有时做180°反向相位扑动。

为此，我们设计了一种仿蜻蜓前后两对翼扑动，其运动规律表达式如下：

$$\alpha(t)=\alpha_0\sin(\omega t+\phi),\quad h(t)=h_0\sin(\omega t) \qquad \text{前扑翼}$$

$$\alpha(t)=\alpha_0\sin(\omega t+\phi-\psi),\quad h(t)=h_0\sin(\omega t-\psi) \qquad \text{后扑翼}$$

式中，h_0、α_0分别为扑动运动和俯仰运动的幅度；ϕ为俯仰运动和扑动运动的相位差；ψ为后翼滞后前翼的相位。

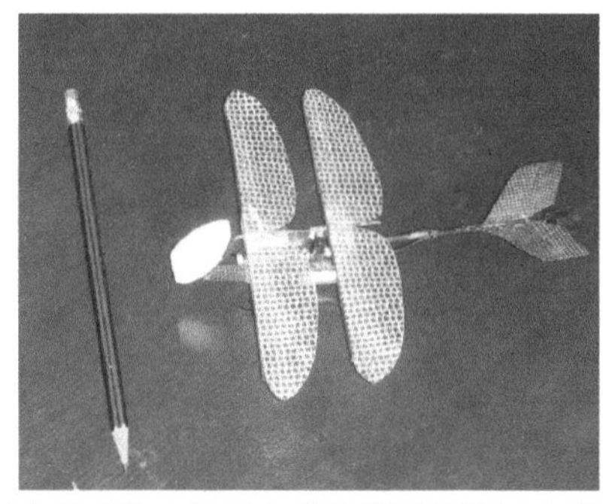

(a) 南京航空航天大学仿蜻蜓扑翼无人机

(b) 德国Festo仿蝴蝶无人机

图2-80　仿昆虫扑翼无人机

（4）仿昆虫超微型无人机

昆虫的质量小，飞行模式复杂，扑动频率高（100～1000Hz），飞行更机动灵活。美国哈佛与加利福尼亚州立大学得到DARPA资助的“机器苍蝇”（RoboticFly）项目，研制了一种“振翼机”（entomopter）。华盛顿大学研究人员创造出的这个RoboticFly机器昆虫（图2-81）可以在空中短暂飞行，而它所使用的动力是激光。激光可以提供足够的能量驱使这种无人机扇动自己的翅膀。当然，如果微型无人机在较高的空中，如何始终让激光对准微小的无人机还是难题。

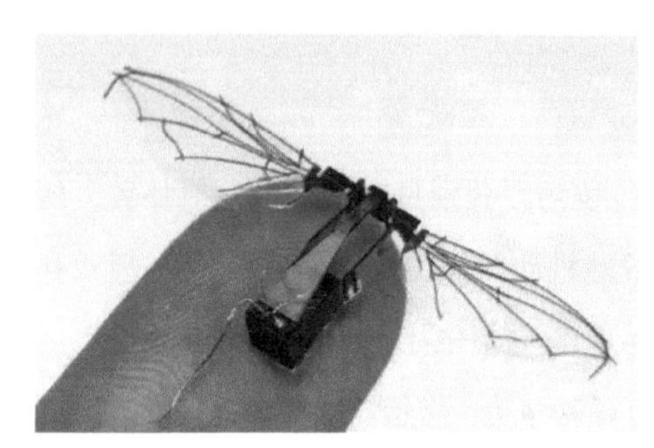
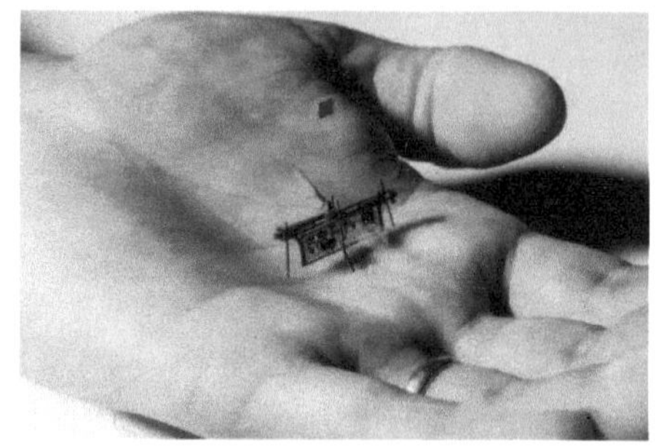

图2-81　美国超微型仿生无人机

2.3.6　变体无人机的不同布局

变体无人机的设计主要目的如下。

（1）便于多量运载

变体无人机在由大型飞机运输中，通过折叠机翼等变形，可以装载更多的无人机到达目的地，然后再变回无人机实际飞行的形态，以执行相关任务。

（2）便于发射

如无人机起飞用炮射或密轨弹射，无人机发射前变形装置于炮筒中；发射后，无人机机翼展开飞行（图2-82～图2-85）。利用其炮弹或火箭弹搭载侦察设备，快速发射至目标区上空后，展开机翼，执行留空侦察或攻击任务。

图2-82　美国“郊狼”Block 1型无人机

图2-83　俄罗斯R-90炮射无人机

图2-84　“郊狼”无人机发射

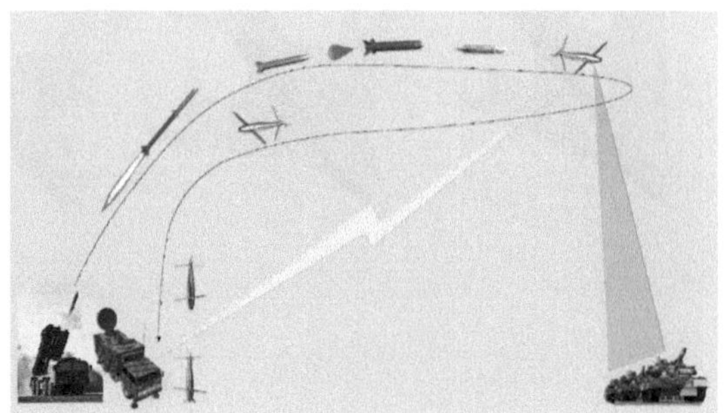

图2-85　变体无人机作战全过程

（3）改变飞行性能

为了提高无人机作战能力，希望在不同阶段无人机具有不同性能，如飞行速度，既要无人机有低速起飞和大升阻比长航时能力，又要具有快速接近目标突防能力。为此，设计有多种变体无人机。

如图2-86所示无人机，起飞和巡航时呈大展弦比形态，飞行效率高；而接近目标区域时，机翼展向收缩变短，呈小展弦比机翼，飞行速度大大加快。

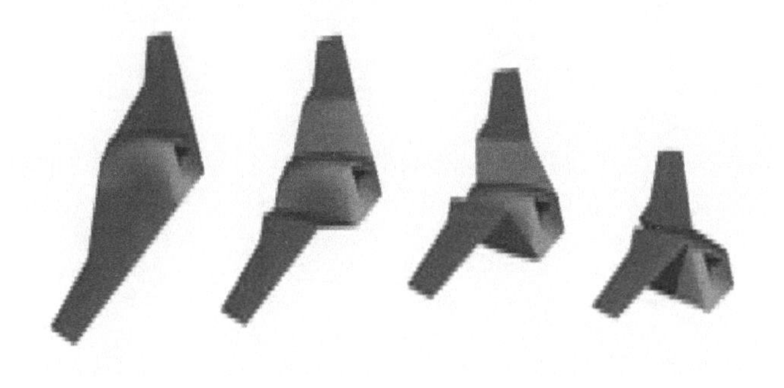

图2-86　一种变速变体无人机

如图2-87所示无人机，起飞和巡航时也是大展弦比形态，飞行过程中可以不断改变机翼后掠角，从而不断加快飞行速度。而与图2-86所示无人机不同的是，机翼骨架呈菱形变体，在后掠不断变化下，机翼面积在中间过程却不断加大，从而保证展长变短情况下仍具有较大的升力。最后到达目标区时，机翼面积相应减小，可快速俯冲向目标。

图2-87　一种变翼面形状无人机

第3章

无人机的飞行原理

3.1 无人机的升力从哪里来

为什么鸟儿在空中能自由翱翔？于是人们开始探索鸟翅膀的形状，模仿大鸟滑翔的功能，制造能滑翔飞行的滑翔机。为什么重达几百吨的飞机在空中不掉下来？其升力是从哪里来的？

3.1.1 翼型的空气动力

飞机的升力不是“浮力”，是来源于空气动力。要了解空气动力，首先应从翼型谈起。人们发现鸟翅膀的翼剖面形状特殊：翼剖面的前缘呈小圆形，后缘尖薄，中间向上弯曲，而且翼根处和翼尖处的翼剖面形状不一样（图3-1）。

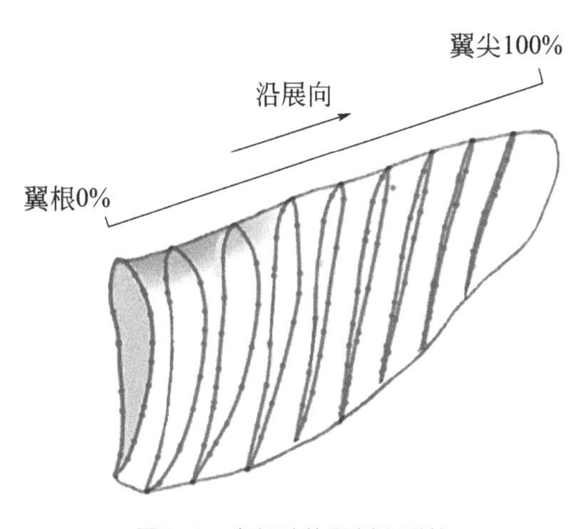

图3-1 鸟翅膀的翼剖面形状

（1）翼型的定义

由于翼剖面形状对于机翼的空气动力影响很大，专家们把直机翼（指机翼展向与机身垂直）的翼剖面几何外形定义为“翼型”。由于后来人们创造了“后掠机翼”，翼型的严格定义是：机翼上平行于无人机对称面方向翼剖面的几何形状。也就是说翼型是翼剖面，但不一定是垂直于机翼前缘的翼剖面，而是飞行时与来流方向平行的翼剖面（图3-2）。

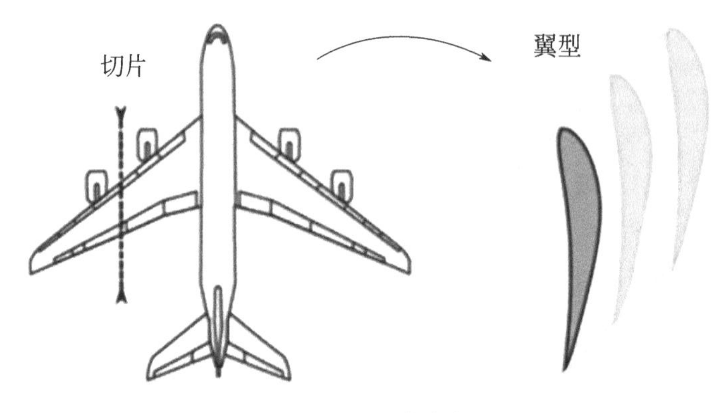

图3-2 翼型的定义

（2）翼型的几何特征（图3-3）

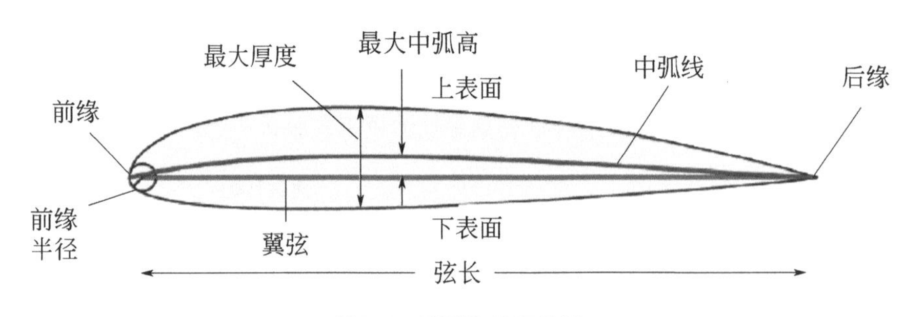

图3-3 翼型的几何特征

① 翼弦：连接翼型前后缘的直线称为翼弦，弦长为b。

② 翼型厚度（c）：指上下翼面在垂直于翼弦方向的距离，其中最大者称为最大厚度。

③ 中弧线：翼型厚度中点的连线。

④ 翼型弯度（f）：中弧线与翼弦之间的最大距离。

⑤ 相对厚度（$\bar{c}$）：翼型最大厚度（c_{max}）与翼型弦长（b）的比值，$\bar{c}=c_{max}/b$。

⑥ 相对弯度（$\bar{f}$）：翼型弯度（f）与翼型弦长（b）的比值，$\bar{f}=f/b$。如果相对弯度为零，则中线和翼弦重合，如对称翼型。

（3）翼型升力产生的原理

① 流体连续性定理。低速流体以稳定的流速在管道内流动时，管道剖面小的地方流速大，而管道剖面大的地方流速小。即$F_1>F_2>F_3$时，$v_1<v_2<v_3$（图3-4）。

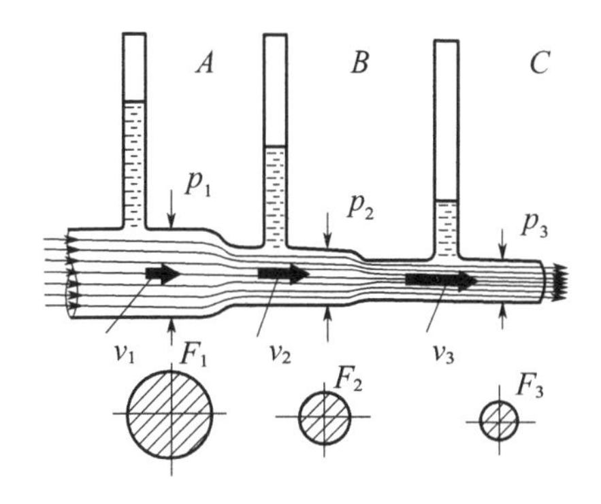

图3-4　伯努利定理的管道流体实验

② 伯努利定理。伯努利定理是瑞士物理学家丹尼尔·伯努利在1738年发现的。对于不可压、理想流体沿流管做定常流动时，流动速度增加，流体的静压将减小；反之，流动速度减小，流体的静压将增加。但是流体的静压和动压之和，称为总压，始终保持不变。

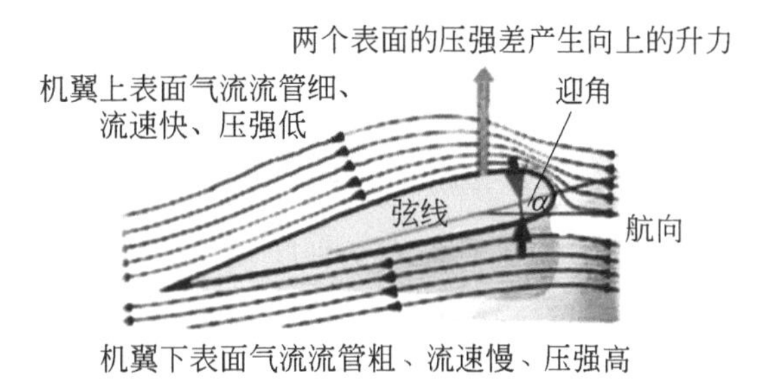

图3-5　翼型升力的产生原理

伯努利定理是飞机升力原理的根据。机翼产生升力的关键在于机翼翼型的形状、迎角和机翼面积。当流体流经机翼时，气流被翼型分割为上下两部分，由于有弯度翼型上表面凸起较多而下表面凸起较少（有的翼型下表面是平或凹的），或者机翼有一定的迎角（机翼弦线与来流之间的夹角），使流过翼型上表面的管道面积比通过翼型下表面的管道面积小，翼型上表面的空气流速也比下表面大。由伯努利定理可知，翼型上表面的静压比翼型下表面的静压小，所以上下翼面之间产生一个压强差，这个压强差在垂直于气流方向上的分量就是机翼产生的升力（图3-5）。

如图3-6所示，从气流压强分析，也就是翼型上表面的气流压强为“负”

（压强小于来流的压强），翼型下表面的气流压强为“正”（压强大于来流的压强）。因此，产生上下翼面的压强差，就是升力产生的原理。

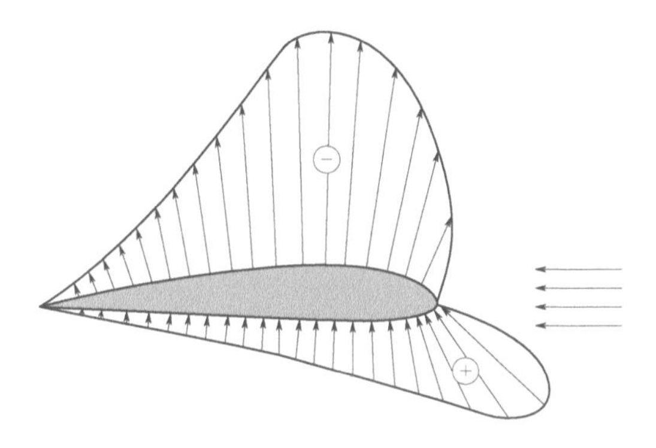

图3-6 翼型上下表面的压强分布

（4）翼型的气动力

翼型气动特性的分析研究和翼型形状的设计对于无人机设计具有重要的意义。翼型的空气动力特性可看作翼展为无限长的等剖面直机翼的空气动力特性。由于绕这种机翼的流动沿翼展没有速度分量，流动参数只在与展向垂直的平面内变化，属于二维平面流场，因而又称为二维机翼。

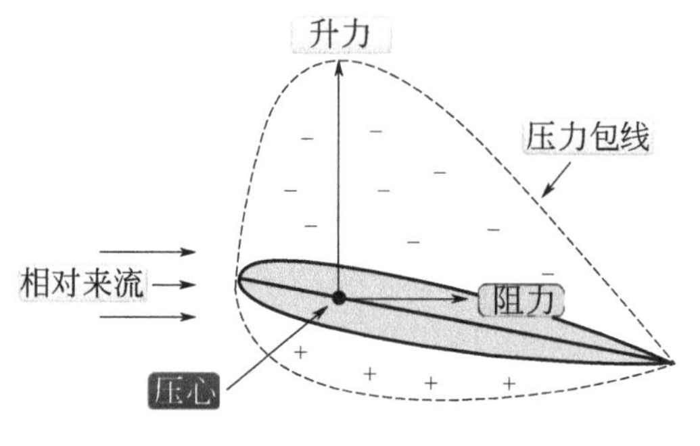

图3-7 翼型的升力原理

翼型的气动特性可为机翼的选择提供基础。当翼型相对于空气运动时，翼型表面会受到气流的作用力。空气动力合力在翼型运动方向或来流方向上的分力是翼型所受到的阻力，垂直于上述方向的分力是翼型的升力（图3-7）。这些作用力对前缘（或对距前缘1/4弦长点）的力矩称为翼型俯仰力矩。

（5）翼型边界层

边界层又称附面层，表示流体中紧挨着无人机表面或管壁的部分。边界层概念是1904年由德国学者L.普朗特提出的。他指出，沿固体壁面的流动，可分成两个区域，在表面附近的薄层部分，流体中的内摩擦即黏性起重要作用；在该层以外的其余部分，黏性可以忽略。也就是说，在边界层以内的流体是黏性流体；在边界层以外的流体，可视为无黏理想流体。

边界层是由黏滞力产生的效应。一般提到的边界层是指速度的边界层（图3-8）。在边界层外，流体的速度接近定值，不随离翼面高度位置变化而变化；在边界层内，在固定表面上流速为0，距固定表面越远，速度会趋近一个定值。

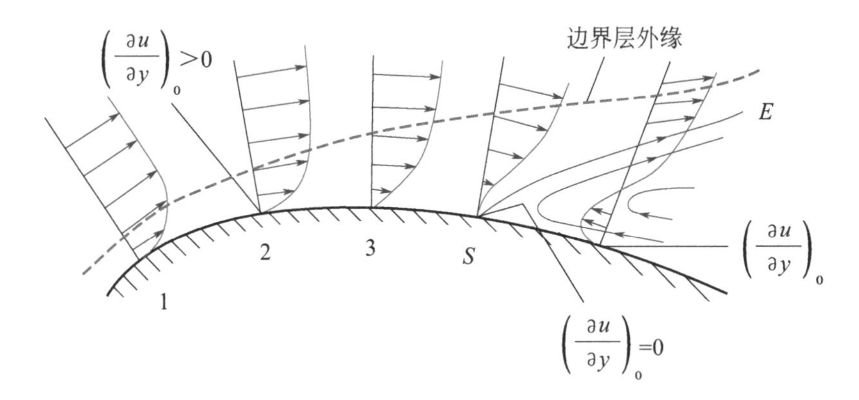

图3-8 翼型边界层特性

（6）**翼型类型**

① 层流翼型：一种使翼表面保持大范围的层流，以减小阻力而设计的翼型。与普通翼型相比，层流翼型的最大厚度位置更靠后缘，前缘半径较小，上表面比较平坦，能使翼表面尽可能保持层流流动，从而可减少摩擦阻力。

② 高升力翼型：在低速时和一定迎角范围内能有较高翼型的升力系数和升阻比的翼型。通常是一类有弯度的薄翼型，如将原型尾缘适当加厚，再从弦长一定位置处用光滑曲线形成新翼型。

③ 低力矩翼型：有较小的俯仰力矩的翼型。该类型的翼型对提高飞机的纵向稳定性有好处。

④ 超临界翼型：在高亚声速和跨声速情形下，设计的一种超临界翼型。它的头部较钝，上表面中部比较平坦。为了提高升力，使翼型下表面的后部向内凹，使这里的压强增高。这种翼型的翼面上一般只产生压缩波和膨胀波，间或有弱激波，因而波阻较小。

⑤ 超声速翼型：以超声速飞行的无人机，为了减小波阻常采用尖前缘的对称翼型。常见的翼型有菱形、六面形和由上下两圆弧组成的双凸翼型。由于不少超声速无人机要在低速到高速的整个范围内使用，翼型的选用必须兼顾高、低速特性，因此一些超声速无人机仍采用小钝头的亚声速翼型。而主要以超声

速飞行的无人机，多采用超声速翼型。

上述翼型从形状上基本可以分为如图3-9所示的几种形式。

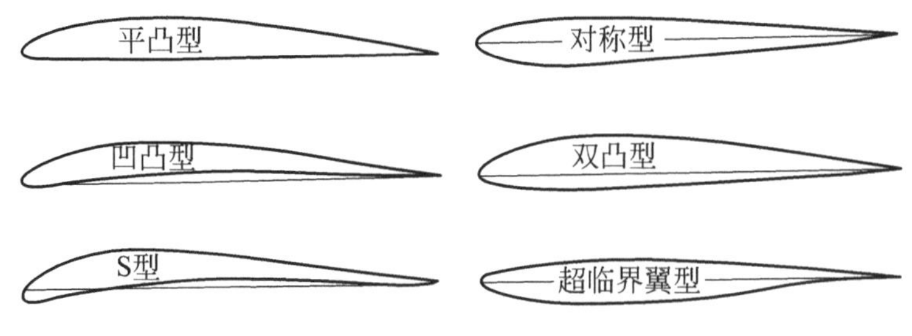

图3-9 几种典型翼型

（7）无人机的翼型选择

① 高空长航时无人机，需要选择升阻比较大的翼型，最好有适应高空低密度的新层流翼型。

② 低速固定翼无人机，需要选择高升力的翼型，通常为有弯度翼型。

③ 高速无人机，需要选择对称型的翼型，随着马赫数的提高宜选择较薄的翼型。但对于高亚声速和跨声速无人机，则应选择超临界翼型。

④ 微型无人机，应选择低雷诺数翼型，如有弯度薄翼型。为了满足装载空间与结构强度需要，适当选用较厚一点的翼型也是一种设计。

3.1.2 机翼升力

（1）机翼几何形状

固定翼无人机的机翼平面形状基本可分两类：平直翼（图3-10）和后掠翼（图3-11）。

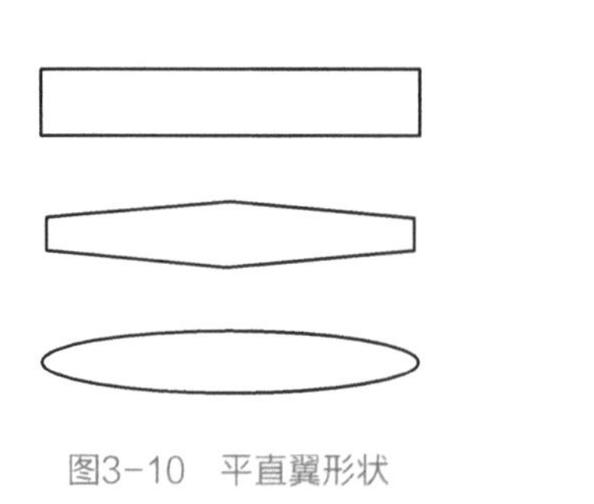

图3-10 平直翼形状

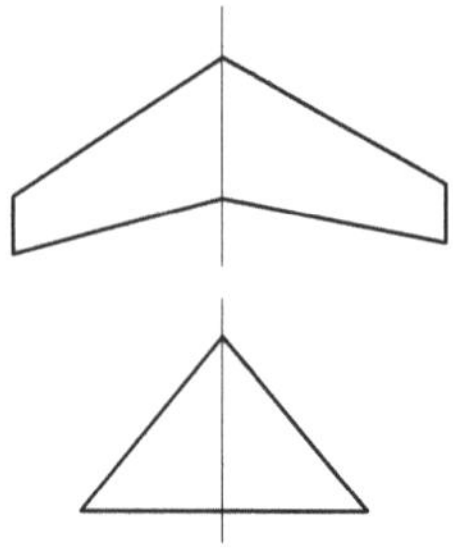

图3-11 后掠翼形状

低速无人机，选择的是平直翼，常见的有矩形平直翼、梯形平直翼或椭圆平直翼。较大展弦比平直翼的升阻比较高。

高速无人机，选择的是后掠翼，常见的有梯形后掠翼或三角后掠翼。机翼前缘后掠可以减弱激波强度。

机翼的平面形状描述的主要参数有展弦比、根梢比、后掠角、上反角或下反角等（图3-12）。

① 展弦比（λ）：翼展（L）与翼弦平均弦长（$b_{平均}$）之比，$\lambda = L/b_{平均}$。翼展是指机翼左、右翼尖之间的距离。弦长有不同的定义方法，常用的是机翼的几何平均气动弦长（$b_{平均}=S/L$，S为机翼面积）。

② 根梢比（η）：翼根弦长b_0与翼尖弦长b_1的比值，$\eta = b_0/b_1$。

③ 后掠角（χ）：机翼与机身轴线的垂线之间的夹角。后掠角又包括前缘后掠角（χ_0）、后缘后掠角（χ_1）、1/4弦线后掠角（$\chi_{0.25}$）。如果飞机的机翼向前掠，则后掠角就为负值，变成了前掠角。

④ 上反角或下反角（ψ）：飞机处于水平状态时，机翼与水平面的夹角。机翼向上为上反角，向下为下反角。

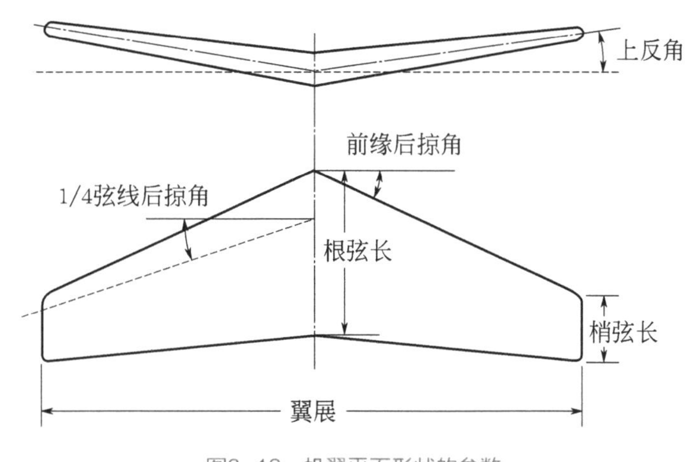

图3-12 机翼平面形状的参数

（2）机翼升力产生的涡系

由翼型升力原理可知，当翼型有弯度或有迎角时，下翼面气流压强大，上翼面气流压强小。这种绕流气动特性也可以用涡来表示（图3-13）。

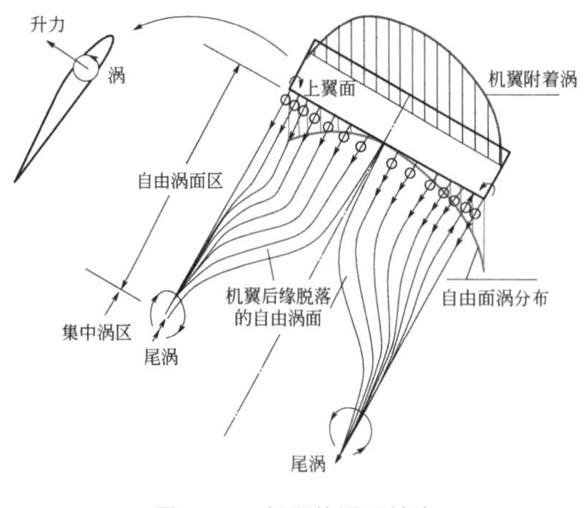

图3-13 机翼的涡系结构

对于有限展长的机翼，因弦向的绕流形成附着涡系。直机翼附着涡沿展向的强度分布呈椭圆曲线。因展长有限，下翼面的气流会向上级向内绕过翼尖，而形成翼尖涡。

机翼后缘流出的尾涡逐渐与两侧的强翼尖尾涡汇合，形成两侧较强的翼尖尾涡。

（3）机翼升力的表达式

作用在机翼上的升力是作用在整个机翼表面分布力的积分。机翼升力的大小与机翼的升力系数、大气密度、飞行速度和机翼面积有关。机翼升力计算如下：

$$L=C_y\left(\frac{1}{2}\rho v^2\right)S \tag{3.1}$$

式中，$\left(\frac{1}{2}\rho v^2\right)$是所谓动压，它与机翼飞行时所具备的动能有关；$\rho$为飞行高度处的大气密度；$v$为飞机相对于空气的飞行速度；$S$为机翼的投影面积；$C_y$为升力系数。

那么，升力系数如何获得呢？

升力系数是一种无量纲参数，它与机翼的翼型、机翼的形状、飞行马赫数有关。对于一个特定机翼，可以通过风洞试验计算得出一条升力系数与迎角的关系曲线，如图3-14所示。曲线中的升力系数等于零时的迎角称为“零升迎角”。对于不对称翼型，零升迎角一般为负；对于对称翼型，零升迎角就等于零。升力系数随着迎角

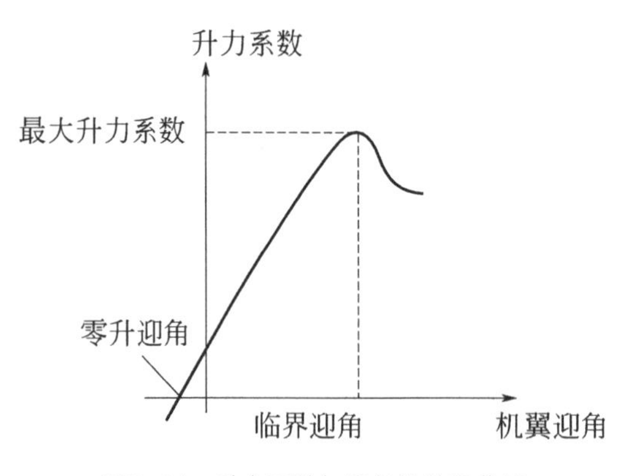

图3-14 升力系数与迎角的关系曲线

的增大而增大，达到最大值 C_{max} 时的迎角为临界迎角。当迎角超过临界迎角后，升力系数就很快下降，这是因为迎角过大，机翼上表面的气流不能维持附着平滑的流动，气流绕过前缘点后很快就开始分离，分离后的上表面产生杂乱无章的流动，使机翼上表面的压力加大，升力很快下降。这种现象叫作“失速”，如图3-15所示。

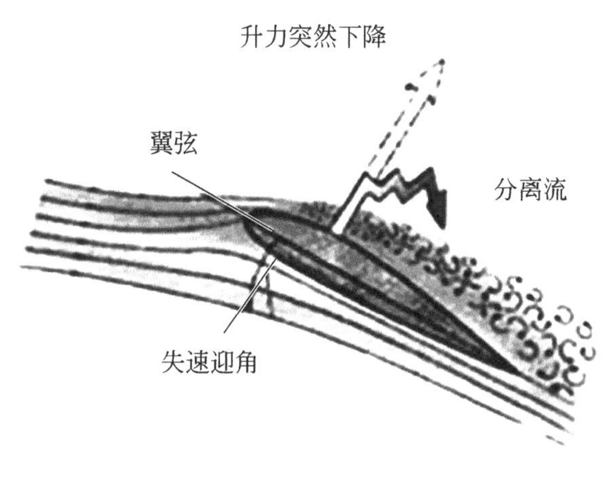

图3-15　失速示意图

在失速之前，机翼升力系数与迎角成比例关系，以 C_y^α 表示比例系数（升力线斜率），则 $C_y=C_y^\alpha\alpha$。

升力的大小可以表示为：

$$L=C_y^\alpha\alpha(\frac{1}{2}\rho v^2)S$$

3.1.3　旋翼拉力

旋翼（rotor）指由旋翼中心轴驱动的2个或多个旋转桨叶组成的无人机部件，也称作升力螺旋桨（图3-16、图3-17）。为了区别直升机的旋翼和固定翼飞机拉力（或推力）旋转桨叶，通常习惯将固定翼飞机拉力（或推力）旋转桨叶称作“螺旋桨”（propeller）。由于近些年很多小型多旋翼无人机的出现，其旋翼

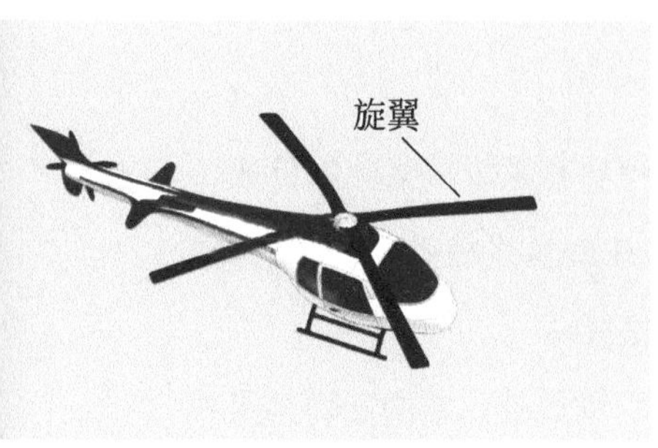

图3-16　直升机旋翼

图3-17　飞机螺旋桨

与固定翼飞机螺旋桨形状相似，所以小型多旋翼无人机的旋翼也称作螺旋桨。

（1）旋翼的几何参数

机翼只是有飞行速度时才能产生升力。从翼型升力原理可知，必须在相对气流作用下翼型才有升力。旋翼是靠桨叶在空气中旋转来获得相对气流，从而获得升力。因此，旋翼在空中旋转悬停时也能产生升力。

旋翼系统由多个桨叶和驱动旋转中心轴机构（桨毂）组成，是可将发动机转动功率转化为拉力或升力的装置。桨叶好像一个细长机翼安装在桨毂上，发动机轴与桨毂相连接并带动它旋转。旋翼桨叶从根部到桨尖的相对速度不一样，因此通常桨叶设计沿径向有桨叶角变化，就像一个有弦向扭转的机翼。

旋翼的几何参数见图3-18，具体如下。

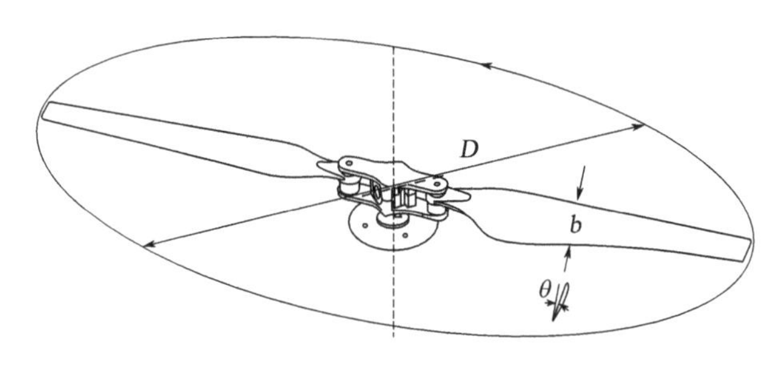

图3-18　旋翼的几何参数

① 直径(D)。直径是旋翼性能的基本参数。一般情况下，直径增大，拉力随之增大，效率随之提高。所以在结构允许的情况下，尽量选直径较大的旋翼。此外，还要考虑旋翼桨尖气流速度不应过大（<0.7声速），否则可能出现激波，导致效率降低。半径为R。

② 弦长(b)。弦长指桨叶的宽度，通常随着径向位置不同而有尺寸的变化。标称弦长一般指70%直径处剖面的弦长。

③ 桨叶数目(N)。可以近似认为旋翼的拉力系数和功率系数与桨叶数目成正比。小型无人机一般采用结构简单的双叶桨。只是在旋翼直径受到限制时，采用增加桨叶数目的方法可使旋翼与发动机获得良好的配合。

④ 实度(σ)。实度指桨叶面积与旋翼旋转面积(πR^2)的比值。它的影响与桨叶数目的影响相似。随实度增加，拉力系数和功率系数增大。

⑤ 桨叶角(θ)。又称“桨距”，指桨叶剖面弦线与旋转平面夹角（安装角）。通常，桨叶角随半径变化，其变化规律是影响桨工作性能最主要的因素。习惯上，以70%直径处剖面的桨叶角值作为该桨桨叶角的名称值。

（2）螺旋桨的几何参数

喷气发动机出现以前，所有带动力的航空器多以螺旋桨作为产生推进力的装置。螺旋桨仍用于装活塞式和涡轮螺旋桨发动机的亚声速飞机。目前，中小型和部分大型固定翼无人机仍然以螺旋桨作为推进力的装置。

螺旋桨（包括推进螺旋桨）属于旋翼，因此旋翼的几何参数同时也是螺旋桨的几何参数（图3-19、图3-20）。但是用于固定翼无人机的推进螺旋桨，由于无人机飞行时螺旋桨旋转面有一个速度较高的垂直相对气流，因此还应强调螺旋桨的一个特殊参数——“螺距”。

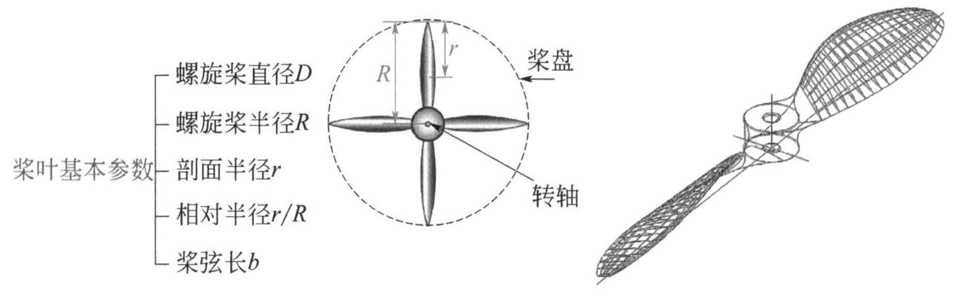

图3-19　螺旋桨的几何参数　　图3-20　螺旋桨的几何形状

螺距是与桨叶角和飞行速度两者相关的一个重要参数。

① 几何螺距(H)（图3-21）。几何螺距指桨叶角为θ和气流迎角为零时，在

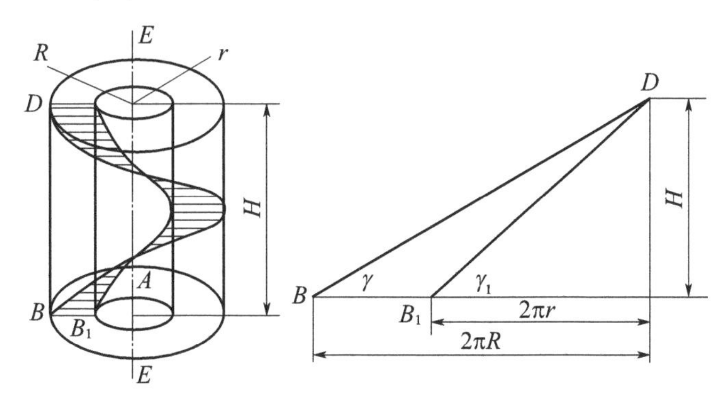

图3-21　螺旋桨的螺距

一种不能流动的介质中，桨叶旋转一周所前进的距离，计算值为：$H=2\pi r\tan\theta$。它反映了桨叶角的大小，更直接指出螺旋桨的工作特性。桨叶各剖面的几何螺距可能是不相等的。习惯上以70%直径处的几何螺距做名称值。可按照直径和螺距设计或选择螺旋桨。例如，1655螺旋桨，表示该桨直径为16英寸（1英寸等于2.54厘米），几何螺距为5.5英寸。

② 实际螺距(H_g)。又叫“进距”，指桨叶旋转一周无人机所前进的距离，即$H_g=v/n$。其中，v为前进速度，n为每秒转数。可按$H=(1.1\sim1.3)H_g$粗略估计该机所用螺旋桨几何螺距的数值。

③ 理论螺距(H_T)。设计螺旋桨时必须考虑空气流过螺旋桨时速度的增加，流过螺旋桨旋转平面的气流速度大于飞行速度，因而考虑螺旋桨相对空气而言所前进的距离，理论螺距将大于实际螺距。

（3）旋翼的拉力系数

根据旋翼滑流理论（图3-22），定义旋翼的桨盘载荷(旋翼单位扫描面积所承担直升机质量的分值)为：

$$P=\frac{G}{\pi R^2}$$

式中，G为直升机质量。

由旋翼悬停时的拉力（$T=G$）可知：

$$T=2\pi R^2\rho {v^2}_{10}$$

式中，ρ为大气密度；v_{10}为旋翼桨盘入口处的气流速度。

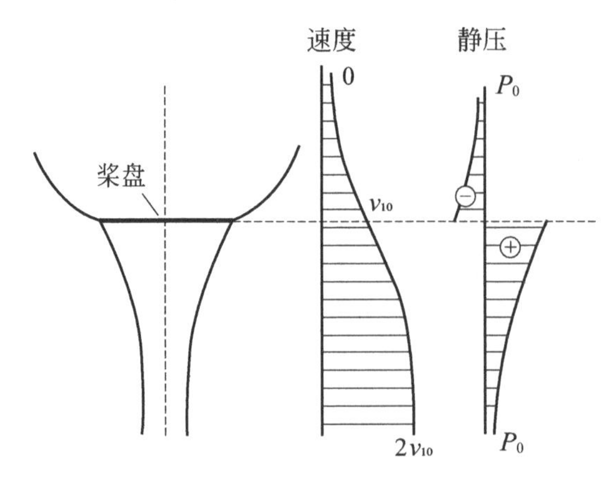

图3-22　旋翼的滑流理论示意图

当直升机前飞（旋翼与来流夹角为α时），旋翼拉力为：

$$T=\frac{G}{\cos\alpha}$$

从旋翼桨叶的“叶素理论”（叶素相当于具有翼型剖面的微段，见图3-23）来分析，可以得到悬停时的旋翼拉力系数：

$$C_{\mathrm{T}}=\frac{2G}{\rho\pi R^2(\omega R)^2}$$

式中，ω为旋翼转速。

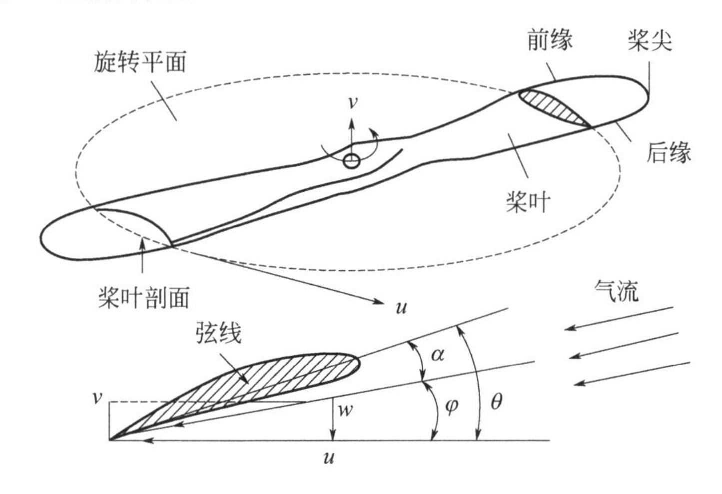

图3-23　旋翼的叶素理论示意图

悬停时的旋翼拉力为：

$$T=C_{\mathrm{T}}\left[\frac{1}{2}\rho\pi R^2(\omega R)^2\right]$$

（4）螺旋桨的气动特性

螺旋桨就是对称放置的两个小机翼，前面已谈过机翼的升力产生原理。这里是螺旋桨绕着轴运动，通过旋转的方向来划过空气产生升力（图3-24）。螺旋桨的螺距就是沿着螺旋桨的斜度，旋转一圈前进的距离。螺旋桨内侧倾斜多一些，外侧倾斜少一些。为什么要这样设计？因为旋转的时候内侧运动的速

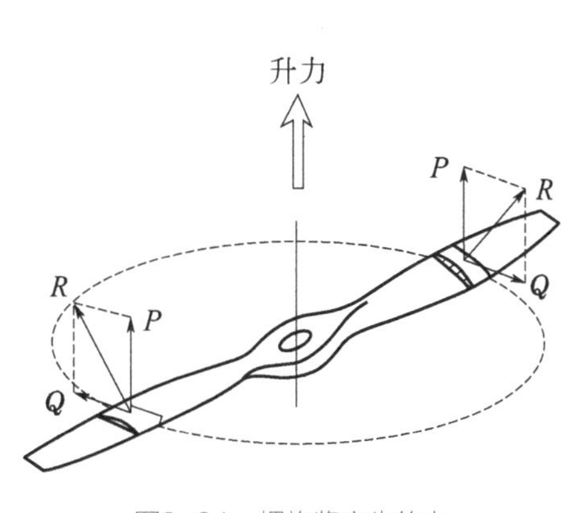

图3-24　螺旋桨产生的力

度慢一些，外侧运动的速度快一些。

螺旋桨桨叶与机翼一样，当桨叶旋转时，桨叶与空气相对运动而产生气动力，总气动力可以分解为拉力P和旋转阻力Q。螺旋桨桨叶产生气动力的大小不但与两个速度有关——螺旋桨旋转线速度U和螺旋桨的前进速度V，而且与两个角度有关——桨叶角θ和桨叶迎角α。

螺旋桨“转速”ω与螺旋桨旋转线速度U的关系：

$$U=2\pi r\omega$$

从图3-25可知，桨叶的拉力取决于桨叶相对气流产生的实际迎角。因此，螺旋桨前进速度越大，其实际迎角越小，产生的拉力也就减小。这与一重要参数有关，即“前进比”。

螺旋桨速度系数（前进比）为：

$$\lambda=H/D=V/(nD)$$

式中，n为螺旋桨每秒的转数。

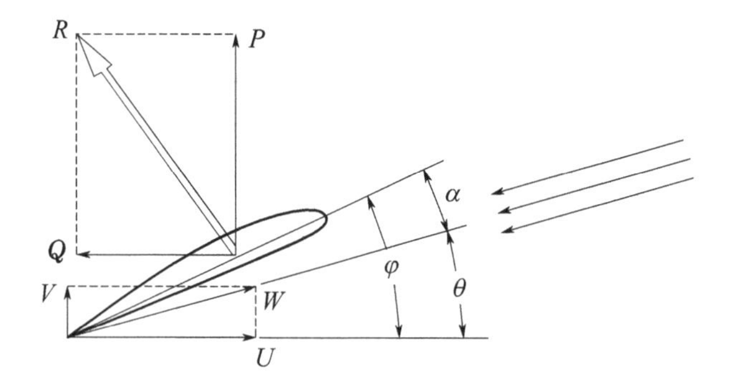

图3-25　螺旋桨的速度、角度与气动力

螺旋桨效率：螺旋桨有效功率与螺旋桨发动机消耗功率之比。

$$\eta=TV/P=\lambda C_T/C_P$$

式中，C_T为拉力系数；C_P为功率系数。

螺旋桨拉力T的估算公式为：

$$T=0.00025DHb\omega^2k$$

式中，D为直径，厘米；H为螺距，厘米；b为桨叶宽度，厘米；ω为转速，转/秒；k为大气压力，1标准大气压，飞行高度1000米以下k基本值取1，飞行高度在4000～6000米k取0.7～0.6。

螺旋桨的机械功率为：

$$W=M\omega$$

式中，M为螺旋桨的扭矩；Ω为螺旋桨的转速。

螺旋桨的力效为：

$$\eta=\frac{T}{W}$$

式中，T为螺旋桨的拉力；W为螺旋桨的机械功率。

3.2 无人机的受力分析

3.2.1 固定翼无人机上的作用力

（1）无人机上作用力的组成

重于空气的无人机为什么能在空中飞行？这是飞行原理所要阐明的基本问题。从力学的观点来看，阻碍无人机飞行的力主要有两种：一是地球的吸引力，即重力，这种力试图将无人机拉回地面；二是空气的阻力，这种力试图阻碍无人机向前运动。不同的无人机，克服这两种阻碍的方法也不同。航空器借助空气产生的升力来克服重力，依靠发动机（喷气或螺旋桨）产生的推力克服空气的阻力。

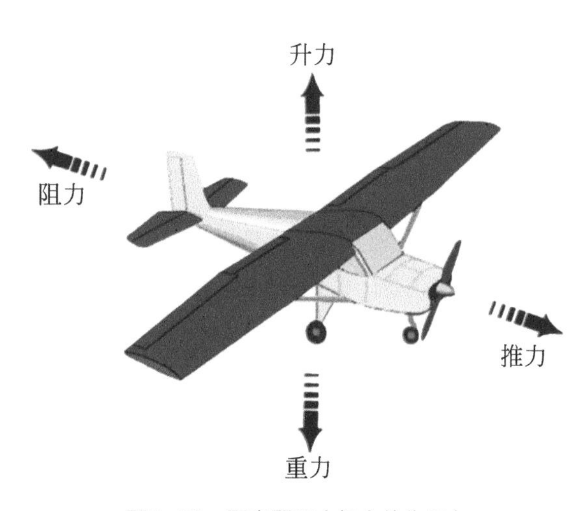

图3-26 固定翼无人机上的作用力

空气流过物体或物体在空气中运动时，空气对物体的作用力称为空气动力（R）。无人机上的空气动力R包括升力Y和阻力D两部分（图3-26）。除了升力Y以外，还有与飞行方向平行且方向相反的阻力

D。很显然，人们总是希望无人机的升力大，阻力小，即升阻比$K(K=Y/D)$越大越好。固定翼无人机产生升力的主要部件是机翼，阻力则由无人机的所有部件产生，包括机翼、机身、水平尾翼、垂直尾翼、起落架等所有外露部件。

（2）阻力的表达式

阻力的表达式类似于升力的表达式，与无量纲的阻力系数、大气密度、飞行速度和参考面积有关。

$$D=C_D\left(\frac{1}{2}\rho v^2\right)S$$

式中，C_D为阻力系数，与机翼形状、迎角大小、无人机表面的粗糙程度等因素有关，由风洞实验测定；S为参考面积，由该公式适用的部件而定，对于机翼，S仍然是机翼平面面积，而对于机身，S则代表机身的最大横截面面积。如果用该公式来计算全机阻力，通常用无人机的机翼面积为参考面积。

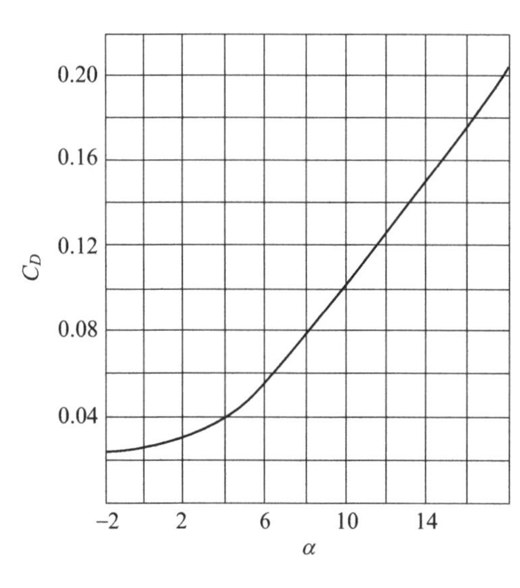

图3-27　阻力系数曲线

无人机的阻力系数曲线，是指阻力系数对迎角的关系，如图3-27所示。

飞行时，无人机上的阻力包括摩擦阻力、压差阻力、干扰阻力和诱导阻力；跨声速无人机和超声速无人机上除具有上述四种阻力外，还会产生激波阻力，简称波阻。其中，诱导阻力是由升力引起的，升力为零，则诱导阻力也为零。摩擦阻力、压差阻力、干扰阻力和激波阻力在升力为零时依然存在，并不是由升力诱导产生的，故称为零升阻力。

（3）阻力的类型

① 摩擦阻力。

当气流流过无人机表面时，由于黏性，空气与无人机表面发生摩擦而产生的阻力就叫作摩擦阻力。

如图3-28所示，在靠近机翼表面的空气附面层中，气流的流动情况有两种：附面层的气流各层不相混杂而呈分层流动，叫作“层流附面层”；在“层流附面层”后面，附面层内流体微团做大尺度的无规则、随机、旋转运动，叫作“湍流附面层”。层流转变为湍流的那一点叫作“转捩点”。

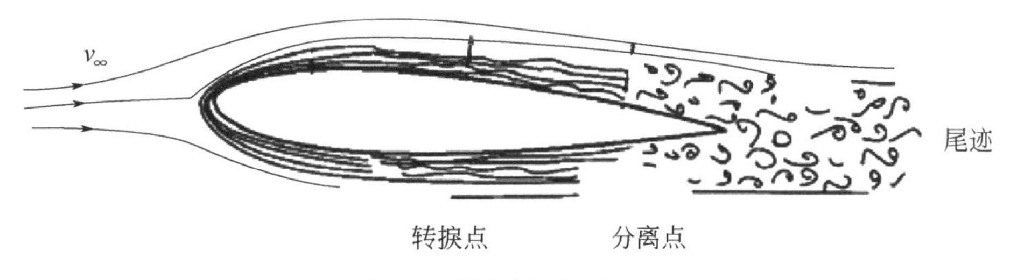

图3-28 翼型表面的空气流动

虽然湍流附面层内空气微团的运动是紊乱的，但是整个附面层仍然紧贴在机翼表面流动。在湍流附面层之后，如果附面层脱离了翼面就形成大量的宏观旋涡。附面层开始分离的那一点叫“分离点”。

附面层内的摩擦阻力同气流的流动情况有很大关系。实践证明，层流附面层的摩擦阻力小，而湍流附面层的摩擦阻力大。因此，尽可能在机翼和无人机其他部件表面保持层流流动。层流翼型上部分的层流附面层的区域比一般翼型要大，所以它的摩擦阻力要小得多。

为了降低无人机的摩擦阻力，必须尽可能减小无人机的表面积，同时使无人机表面尽量光滑。

② 压差阻力。

空气中运动的物体由于前后的压强差所产生的阻力叫作压差阻力。当无人机机体后部发生气流分离的情况时，会产生较大的压差阻力。

如果把一块平板垂直地竖立在气流中，它后面的气流分离区形成了很多分离旋涡，压强减小，而平板前面的空气由于受到压缩，压强很大。平板前后形成巨大的压强差，产生巨大的压差阻力。

压差阻力的大小同物体的迎风面积有关。所谓迎风面积，就是物体上垂直于气流方向的最大截面面积。通常物体的迎面面积越大，压差阻力也就越大。

如果把平板平行地放在气流中，则产生的压差阻力就很小。

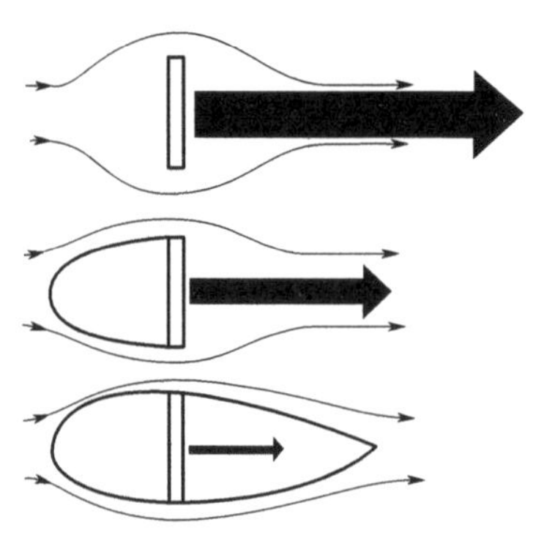

图3-29　不同形状物体的压差阻力

压差阻力的大小还与物体的形状有关，如图3-29所示。为了减小机翼的压差阻力，应该尽量采用流线型的形状。

机翼上的摩擦阻力和压差阻力合称翼型阻力，简称型阻。

③ 诱导阻力。

除翼型阻力外，机翼上还有诱导阻力。因为这种阻力是伴随着机翼上升力而产生的，所以也可以说诱导阻力是为了产生升力而付出的一种“代价”，有时也称作“升致阻力”。

当无人机飞行时，下翼面压强大、上翼面压强小。上下翼面的压强差使得气流从下翼面绕过两端翼尖，向上翼面流动。当气流绕过翼尖时，在翼尖处不断形成旋涡。这种旋涡，从无人机的正前方看去，右边(无人机的左机翼)是逆时针方向旋转的，左边(无人机的右机翼)是顺时针方向旋转的（图3-30）。旋涡可以带动周围的空气随之旋转产生诱导速度。机翼上气流除了向后流去的速度外，还具有尾涡诱导产生的向下的附加速度，称为下洗速度。

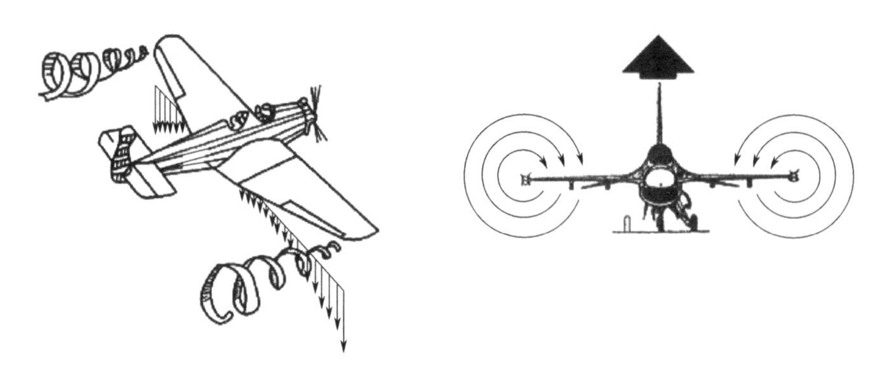

图3-30　翼尖旋涡

自然界中一个有趣的现象：雁群在生物长期进化中也产生利用这种旋涡诱导的本领。当雁群随着气候的变化而迁徙时，往往排成“人”字形（图3-31）或斜“一”字形。领队的大雁排在最前面，幼弱的小雁常排在斜后方。前面的大雁翅膀尖端所形成的旋涡带动翅膀外侧的空气向上运动，形成上升气流。这样就使后面幼弱的小雁处于上升气流中，飞行比较省力，这对于雁群长途飞行十分有利。

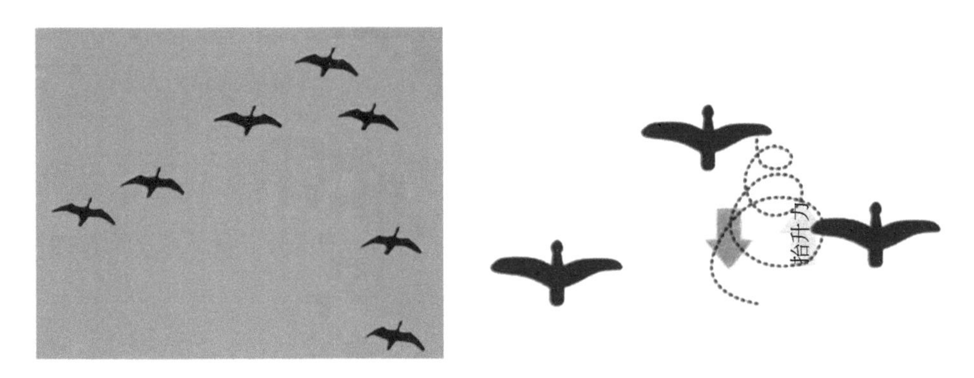

图3-31　大雁人字形编队的原因

由于气流下洗现象的存在，流过翼型的气流除了原来向后的相对速度v之外，又产生了垂直向下的下洗速度w。由v和w叠加的合速度u，是气流和翼型之间的真正相对速度。u与v的夹角$\Delta\alpha$称为下洗角。可见，下洗速度w使原来的相对气流速度v的方向向下转一个下洗角$\Delta\alpha$，而成为u的方向（图3-32）。

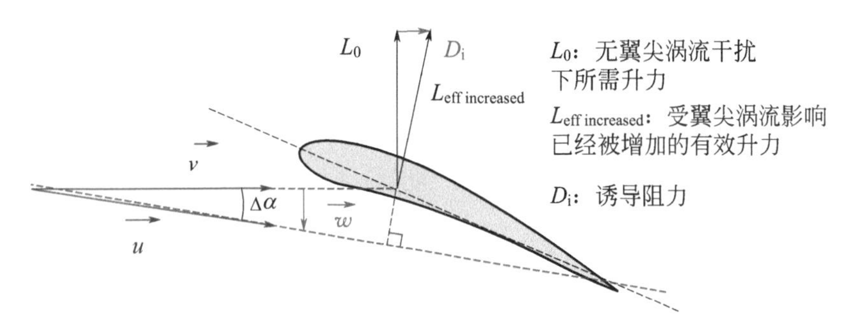

图3-32　翼尖旋涡与诱导阻力

我们知道，升力Y是定义为总空气动力R在垂直于相对速度v的方向上的分力，因此升力Y也由于下洗速度偏转一个角度$\Delta\alpha$，而变成与u垂直的新的升力Y_1。然而，无人机的飞行方向仍然是原来v的方向，因此Y_1就产生一个与无人机前进方向相反的水平分力D_1，这是阻止无人机前进的阻力。这种阻力的产生过程可概括为：升力引起旋涡运动，再由旋涡产生诱导速度w，诱导速度w与原来的气流速度v叠加，使升力的方向改变一个角度$\Delta\alpha$，从而产生附加的阻力D_1。因此，这种附加阻力叫作“诱导阻力”。诱导阻力与机翼的平面形状、翼剖面形状和展弦比有关。

为了减小机翼的诱导阻力，可以通过改变机翼形状来实现。例如，增加展弦比，采用机翼翼梢小翼，使翼尖涡减弱，从而减小无人机的诱导阻力。

④ 干扰阻力。

实践表明，无人机的各个部件，如机翼、机身、尾翼等，单独放在气流中所产生的阻力的总和并不等于无人机的总阻力，而往往是小于无人机的总阻力，于是发现一种“干扰阻力”。

所谓“干扰阻力”，就是飞行器各部分之间由于气流相互干扰而产生的一种额外阻力（图3-33）。机翼和机身的连接处、机身和尾翼的连接处，以及机翼和发动机吊舱的连接处都可能产生干扰阻力。干扰阻力数值上等于无人机总阻力减去各个部件的阻力之和所得到的差值。

图3-33　飞行器机体之间的气动干扰

现在我们以机翼和机身之间的干扰为例，看看这种额外阻力是怎样产生的。机翼和机身的连接处形成了一个截面由大到小，再由小到大的气流通道：翼面前缘处截面比较大，到翼面最高点处时气流通道收缩到最小，翼面后缘处通道又逐渐扩大。根据流体的流动特性，气流经过机翼和机身连接处的通道时，通道最窄处的速度大而压强小，翼面后缘处的速度小而压强大，所以在这一段通道中气流有从高压区回流到低压区的趋势，这就形成了一股逆流，或气流的阻塞现象，使气流开始分离并产生很多旋涡。这些杂乱无章的旋涡耗散掉气流的一部分动能，由气流相互干扰而产生，所以叫作“干扰阻力”。

⑤ 激波阻力。

20世纪40年代，飞机的时速达到700公里以上，俯冲时已经接近声速。当接近声速时，飞机会发生剧烈的抖振，而且变得很不稳定，几乎无法操纵，甚至出现过飞机坠毁的事故。科学家调查发现，有的失事飞机在空中裂成了几块，好像撞上了山一样。这就是所谓的“音障”。后来人们认识到，“音障”其实就是一层极薄的、高度压缩的空气，称为激波（图3-34）。

图3-34 超声速飞机的激波

空气在通过激波时，受到一薄层稠密空气的阻滞，流速急骤降低，由阻滞而产生的热量使空气加温，加温所消耗的能量来自动能。动能的消耗表示产生了一种新的阻力，该阻力由于激波而产生，所以就叫“波阻”。

对于高亚声速或超声速无人机，采用大后掠角机翼会有效减弱激波强度。

3.2.2 无人机的受力平衡

无人机要在空中稳定飞行，所受到的各种力之间必须平衡（图3-35）。这种平衡，不是简单的“升力=重力”和“推力=阻力”（假设无人机做等速直线飞行）。因为，首先，这些力并不是单一的集中力，“重力”是无人机上所有部件重量的总和；“升力”是无人机上所有部件所受气动力的合力在垂直方向上的分量；“阻力”是无人机上所有部件所受气动力的合力在无人机速度方向上的分量；“推力”是无人机上所有发动机产生推力（或拉力）的合力在无人机速度反方向上的分量。其次，做等速直线飞行的无人机所受上下作用力、前后作用力不但要相等，而且要作用在同一点上。也就是作用于这一点上的所有力矩为零，无人机才会平衡。

无人机的力平衡问题可分为纵向平衡、横向平衡和航向平衡。

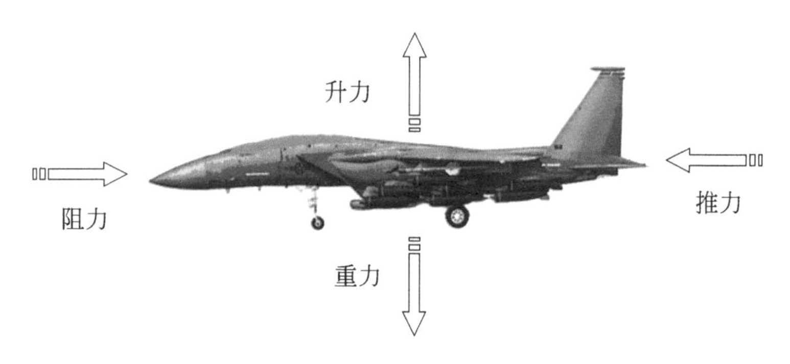

图3-35　固定翼无人机上的作用力总体平衡

（1）重心

无人机重心是指无人机各部分所受重力之合力的作用点。无人机的总重量就是重心上的重力大小。如果无人机的形状改变（如变后掠翼、起落架收放）、能源量变化（如燃油）、任务载荷变化（如投放挂弹），重心会改变，所以无人机重心有中性重心、前限重心和后限重心等概念。

由于无人机是在空中“悬空”运动的，因此重心对于无人机有十分重要的意义。无人机的重心位置和无人机上气动力的相互关系决定着无人机的飞行状态——无人机的平衡、稳定性和操纵性。

（2）纵向平衡

无人机做等速直线飞行时，在纵向平面内的合力矩为零，不会绕无人机横轴做俯仰转动的这样一种运动状态，称为纵向平衡（图3-36）。也就是说，机翼、机身和平尾上气动力（主要是升力）对重心的力矩代数和等于零。简化来说，机翼对重心的抬头力矩应等于平尾对重心的低头力矩。

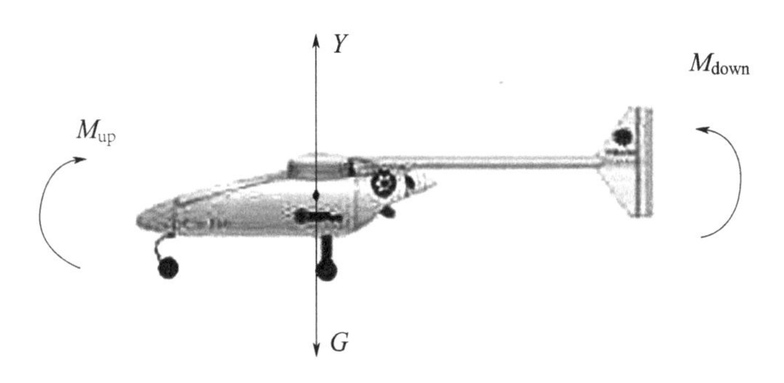

图3-36　无人机飞行中的纵向平衡

纵向平衡是无人机飞行最基本的力平衡。实际飞行时，不都是等速直线飞行，因此无人机在飞行中的平衡状态不是一成不变的，如起飞、降落和机动飞行时，原来的纵向平衡被打破。通过操纵控制升降舵，完成上升（或下降）机动动作后，在新的状态下达到新的纵向平衡，继续飞行。

（3）横向平衡

无人机做等速直线飞行，并且不绕纵轴做横向滚转的这样一种飞行状态，称为横向平衡。

由图3-37可知，当无人机做等速直线飞行时，使无人机绕纵轴滚转的力矩，主要是由两边机翼上的升力及其重力所产生。为了使无人机不绕纵轴转动，保持横向平衡，使无人机右倾的力矩总和应当等于使无人机左倾的力矩总和。

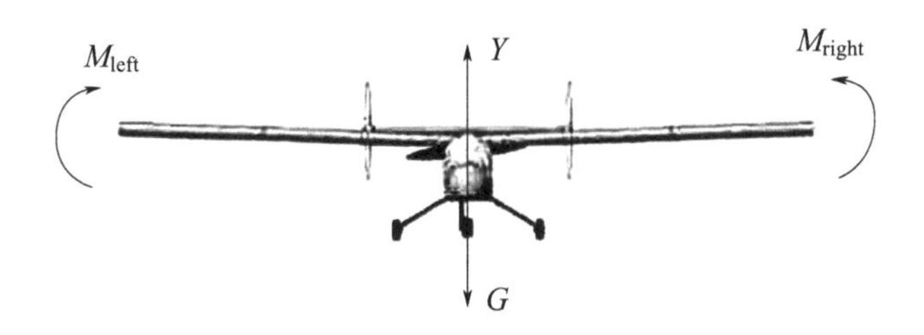

图3-37　无人机飞行中的横向平衡

（4）航向平衡

无人机做等速直线飞行，并且不绕立轴转动的这样一种飞行状态，称为航

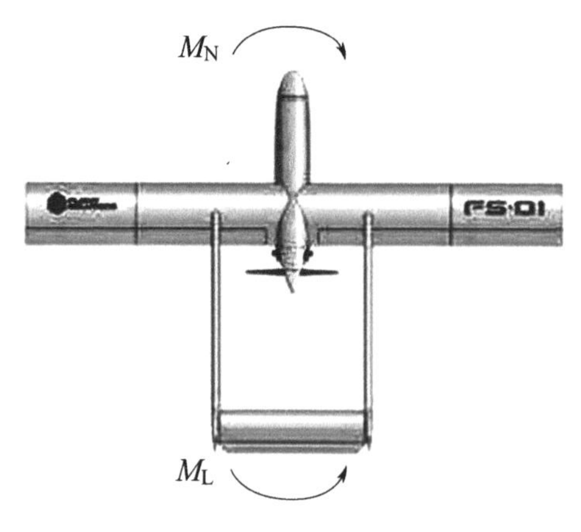

图3-38　无人机飞行中的航向平衡

向平衡（图3-38）。

当无人机要改变航向时，应有使无人机绕立轴转动的偏航力矩。作用于无人机上的偏航力矩，可由方向舵（垂尾后有方向舵），或两侧机翼不同阻力（如副翼偏转），或两侧发动机不同推力(如果有多发动机)所产生。当无人机实现转向后，恢复偏航力矩为零，无人机沿新的航向飞行。

需要注意的是，两侧机翼的副翼做上、下反向偏转时，无人机不但改变航向，而且呈一定的横向偏转状态，因此，这种状态又叫“侧滑”。

3.2.3　旋翼无人机的飞行原理

（1）直升机基本组成

直升机的结构型式有很多，常规直升机的机体结构包括机身、旋翼系统、尾桨、机械操纵系统和起落装置等。单旋翼直升机的组成如图3-39所示。

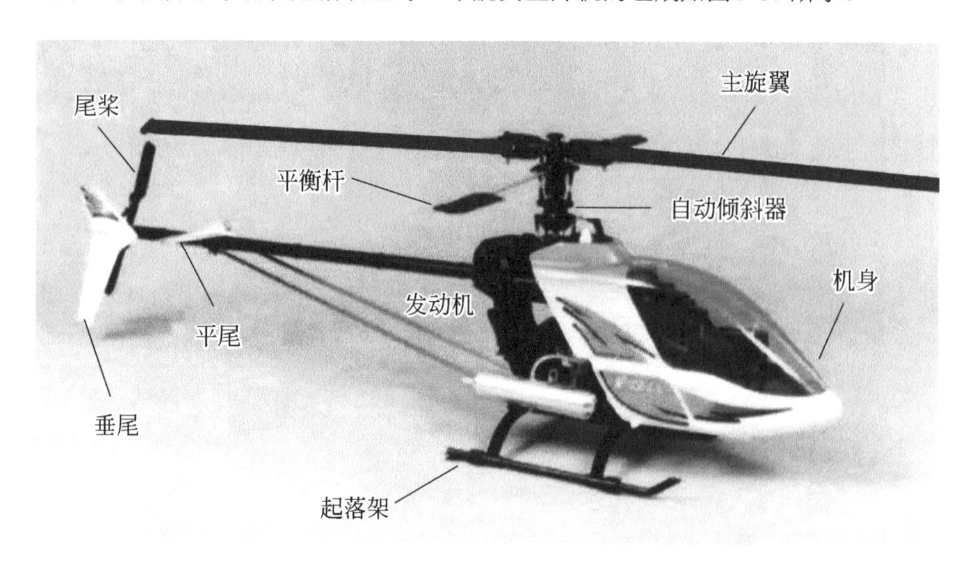

图3-39　单旋翼直升机的组成

由于发动机驱动主旋翼旋转，产生了对机身的反作用力，使得机身向反方向转动。为了避免机身不停地打转，就在尾巴上加个小的垂直螺旋桨，叫作尾桨，其拉力方向和机身扭转方向相反。这样尾桨转动的时候，平衡机身的反扭矩。如果力量刚好一样大，机身保持直行方向，如果偏大或者偏小，机身就会向左或者向右转向。所以尾桨可以平衡机身，还可以用来转向。

① 旋翼系统。

旋翼系统由桨叶和桨毂组成，其主要功能是产生升力（旋翼拉力）、推力和操纵力。我们从直升机飞行原理的讲解中已经知道，旋翼首先具有机翼的功能，产生向上的力；其次具有类似于飞机动力系统的功能，产生向前的推力；还具有类似于飞机操纵面的功能，产生改变机体姿态的俯仰力矩或滚转力矩。因此，旋翼系统是直升机上最复杂的部件，如图3-40所示。

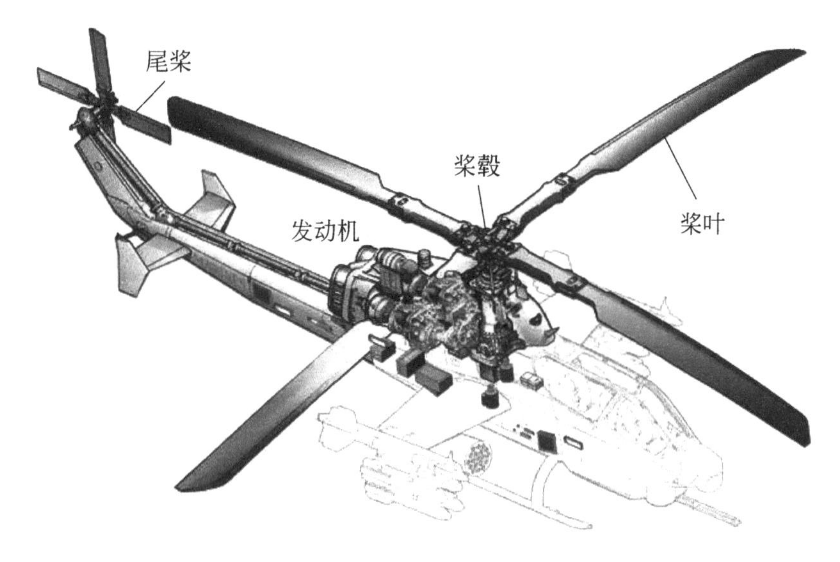

图3-40　直升机旋翼系统

a.桨叶。桨叶是提供升力的重要部件，对桨叶设计除了要满足气动力方面的要求之外，还要满足动力学和疲劳方面的要求。旋翼桨叶的发展是建立在材料、工艺和旋翼理论基础上的。依据桨叶发展的先后顺序，它有混合式桨叶、金属桨叶和复合材料桨叶三种形式。

b.桨毂。桨毂（图3-41）是桨叶和旋翼操纵系统的连接装置，桨毂的形式在很大程度上决定了旋翼系统的工作性能。目前应用的桨毂形式有铰接式、万向节式、跷跷板式、无铰式和无轴承式。

图3-41　直升机的一种桨毂形式设计

铰接式（又称全铰接式）旋翼桨毂是通过在桨毂上设置挥舞铰（水平铰）、摆振铰（垂直铰）和变距铰（轴向铰）来实现桨叶的挥舞、摆振和变距运动。典型的铰接式桨毂铰的布置顺序（从里向外）是挥舞铰、摆振铰、变距铰。铰接式桨毂构造复杂，维护检修的工作量大，疲劳寿命低。

万向节式旋翼桨毂的两片桨叶通过各自的轴向铰和桨毂壳体互相连接，而桨毂壳体又通过万向节与旋翼轴相连，分别通过万向节上不同的轴实现变距和挥舞运动。

跷跷板式旋翼由万向节式旋翼发展而来，主要区别是桨毂壳体只通过一个挥舞铰与旋翼轴相连，这种桨毂构造比万向节式简单一些，但是周期变距也是通过变距铰来实现。

万向节式旋翼和跷跷板式旋翼与铰接式旋翼相比，其优点是桨毂构造简单，去掉了摆振铰、减摆器，两片桨叶共同的挥舞铰不负担离心力而只传递拉力及旋翼力矩，轴承负荷比较小，没有“地面共振”问题。

② 尾桨。

尾桨是用来平衡旋翼产生的反扭矩和对直升机进行航向操纵的部件，旋转着的尾桨还相当于一个垂直安定面，能对直升机航向起稳定作用，如图3-42所示。虽然尾桨的功用与旋翼不同，但是它们都是由旋转而产生空气动力，在前飞时都处于不对称气流中工作的状态，因此尾桨结构与旋翼结构有很多相似之处，如尾桨的结构型式也包括跷跷板式、万向节式、铰接式、无轴承式等。现代直升机还有一种较常用的涵道式尾桨。

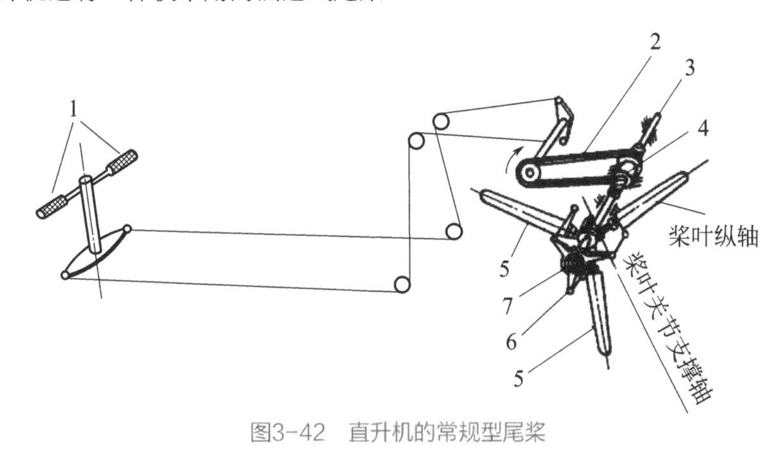

图3-42　直升机的常规型尾桨

1-脚蹬；2-传动链条；3-滑动操纵杆；4-蜗杆套筒；5-尾桨桨叶；6-操纵变距环；7-轴承

（2）直升机的飞行原理

直升机上产生升力的部件是旋翼。旋翼由桨叶和桨毂组成，桨叶连接在桨毂上，桨毂安装在旋翼轴上。旋翼的本质其实就是“旋转的机翼”，旋翼的翼型和飞机机翼的翼型相同，因此旋翼产生升力的原理和机翼相似，都是遵循伯努利原理，通过有相对来流的桨叶上下压力差产生升力（图3-43）。

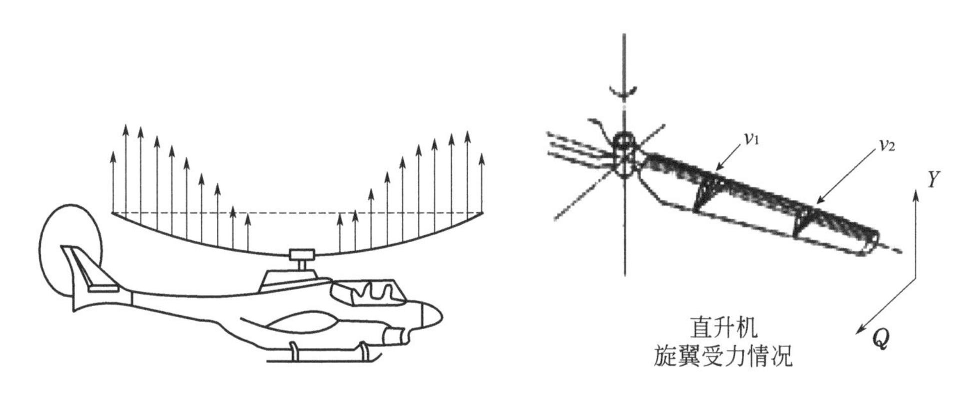

图3-43　直升机旋翼上的空气动力

当然，由于旋转运动，旋翼上的空气作用力和机翼会有很多差别。直升机的前进后退、左右移动，靠主旋翼的倾斜来完成。主旋翼向前倾斜，除了提供向上的力量抵消地球吸引力，还提供向前的拉力，所以飞机向前移动（图3-44）。类似地，可以向后、向左、向右移动。旋翼上的空气动力如图3-43所示。翼型升力Y在旋翼桨叶上的合力称为升力或旋翼拉力，用于克服重力；翼型阻力Q产生的合力矩称为阻力矩，由发动机产生的力矩来克服。

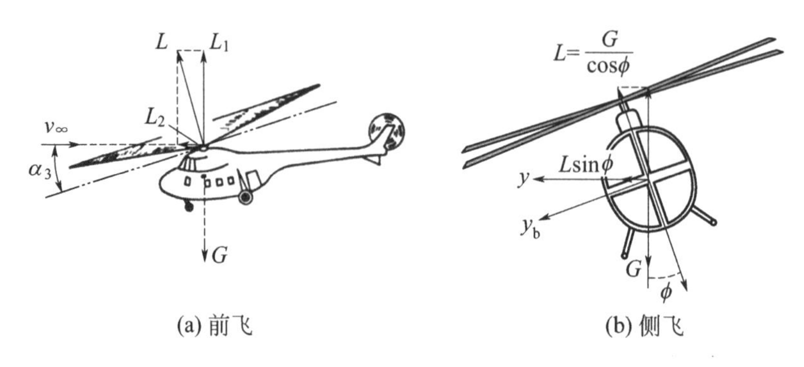

图3-44　直升机的飞行运动

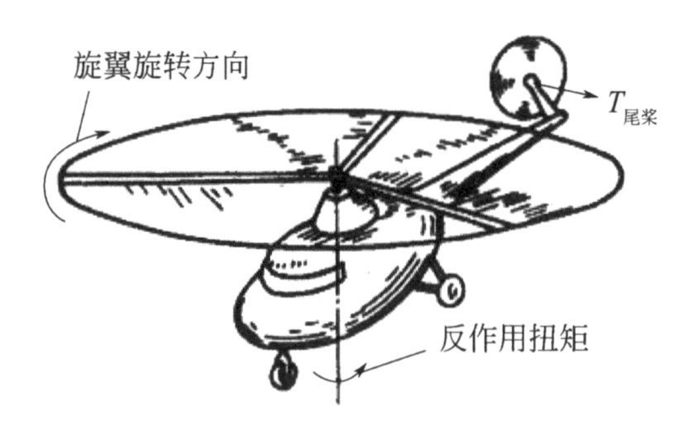

图3-45　单旋翼直升机反作用扭矩的克服

旋翼旋转时将产生一个反作用力矩，使机身逆着旋翼旋转的方向在空中“打转”，这种有害的反作用力矩称为反扭矩。单旋翼直升机靠尾桨产生的力矩来克服反作用扭矩（图3-45）；双旋翼直升机的两个旋翼旋转方向相反，产生的两个反扭矩方向也相反，可以相互抵消；无尾桨直升机利用旋翼产生的下洗气流和垂直尾翼或喷气尾翼来平衡反作用扭矩。

（3）多旋翼无人机的飞行原理

① 多旋翼无人机的构造。

多旋翼无人机通常是大于等于4的偶数个螺旋桨沿圆周分布的旋翼无人机。多旋翼无人机是21世纪为满足机动灵活、垂直起降、小载荷的需求而发展起来的。多旋翼无人机通常是根据载荷与起飞重量的大小，选择螺旋桨的大小、螺旋桨的个数和无人机最大直径。

为了支撑圆周分布的螺旋桨，设计有中心机身、与螺旋桨个数匹配的机臂、无刷电机，还需有便于无人机起降的起落架（图3-46）。机身内装有能源设备（如电池）、飞行控制模块、电子调速器、与地面通信的信息设备。通常机身下还装有特种任务设备。

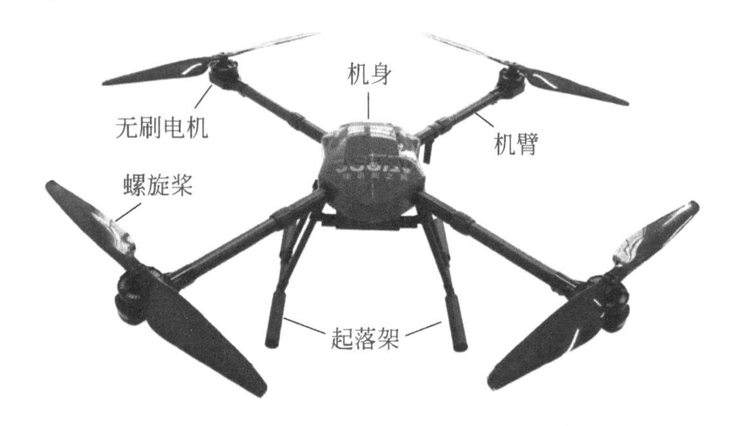

图3-46　四旋翼无人机组成

根据总体参数和外观设计要求，首先，要从产品使用角度和气动分析角度合理设计无人机总体布置与结构。结构设计主要考虑：多旋翼无人机的机体结构在保证结构强度下尽可能轻量化，如采用碳纤维复合材料；结构设计满足无人机创新性外观设计；便于制造和降低成本；满足执行任务设备的功能需求；具有良好的使用性、环境适应性和可靠性。

② 多旋翼无人机的飞行原理。

多旋翼无人机与直升机飞行原理不同处在于，不需要通过桨叶周期性变距来实现机体倾斜和前飞。多旋翼无人机只要控制不同螺旋桨的转速大小，就能实现水平飞行。

以四旋翼无人机为例，来分析无人机的飞行原理。

当4个螺旋桨转速相同，并且拉力（图3-47）之和等于无人机

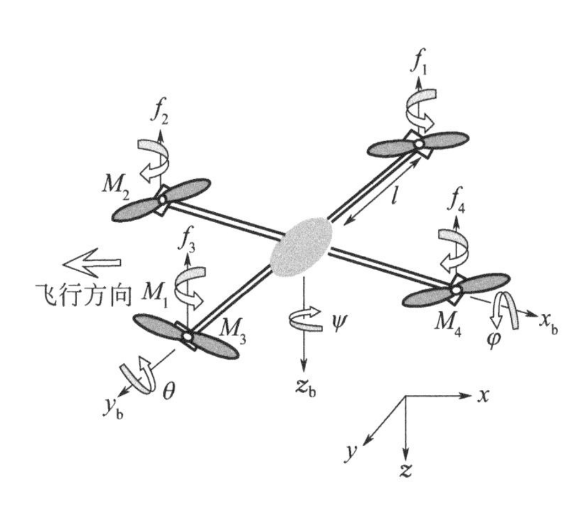

图3-47　四旋翼的拉力

重量时，无人机在空中悬停（图3-48）；当拉力之和等于无人机重量与上升时垂直阻力之和时，无人机匀速上升；当拉力之和等于无人机重量与下降时垂直阻力之差时，无人机匀速下降。

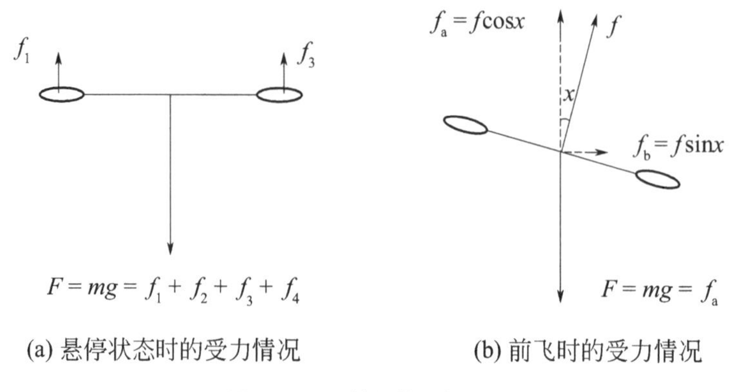

图3-48　四旋翼的飞行原理

当4个螺旋桨其中一侧两个螺旋桨的转速大于另一侧两个螺旋桨转速时，无人机会向较低转速一侧倾斜x角度。当调整拉力之和的垂直分量等于无人机重量时，无人机在拉力之和的水平分量作用下，向较低转速一侧水平飞行。

多旋翼无人机还可以通过其中一半数量的螺旋桨转速方向与另一半数量的螺旋桨转速方向相反，来抵消螺旋桨对机体的反扭矩。

3.3　无人机的飞行性能

3.3.1　无人机的静稳定性

（1）稳定性的概念

无人机的稳定性是无人机保持飞行状态不变的能力，无人机的操纵性是无人机改变飞行状态的能力。无人机的稳定性是指无人机抵制外界干扰的能力，即当外界扰动消失后无人机自动恢复到原来平衡状态的能力。无人机的操纵性，是指无人机按照遥控员的操纵或自主控制要求改变飞行状态的能力。无人机只能依靠自身产生的空气动力运行在空中，因此无人机的稳定性和操纵性比其他任何交通工具都要复杂。

如果无人机受到扰动之后，在操控员不进行任何操纵的情况下能够自动恢复到受扰动前的原始状态，则称无人机是稳定的；如果不能自动恢复甚至更加偏离原始状态，则称无人机是不稳定的。图3-49用小球在不同状态下的稳定性说明无人机姿态稳定性的概念。

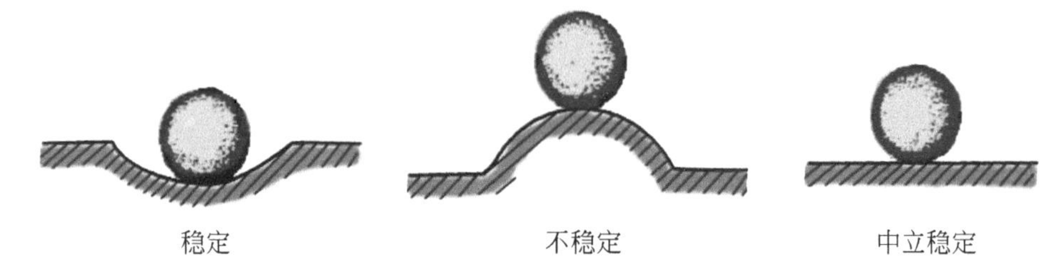

图3-49　稳定性概念示意图

如图3-50所示，无人机绕OX轴、OY轴、OZ轴的转动分别称为滚转、偏航、俯仰运动。

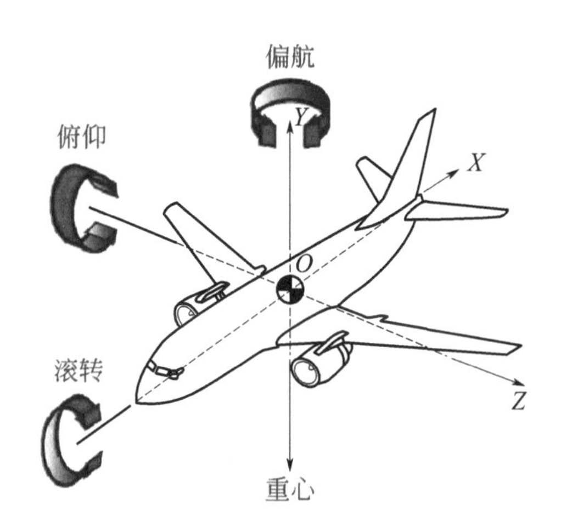

图3-50　通过无人机重心的坐标轴和绕三个方向的转动

无人机绕OZ轴的稳定性叫纵向稳定，又称为俯仰稳定，也是无人机最基本的稳定性要求。固定翼无人机主要靠水平尾翼来保证俯仰稳定。

无人机绕OY轴的稳定性叫航向稳定，也叫方向稳定。无人机主要靠垂直尾翼来保证其方向稳定。

无人机绕OX轴的稳定性叫横向稳定。无人机主要靠两侧机翼来保证其横向稳定。

（2）无人机的焦点和纵向静稳定性分析

纵向稳定性是无人机飞行中最基本的要求和指标。我们重点分析一下纵向稳定性。当无人机原来做水平直线飞行，受到外界干扰机头抬头时，如果无人

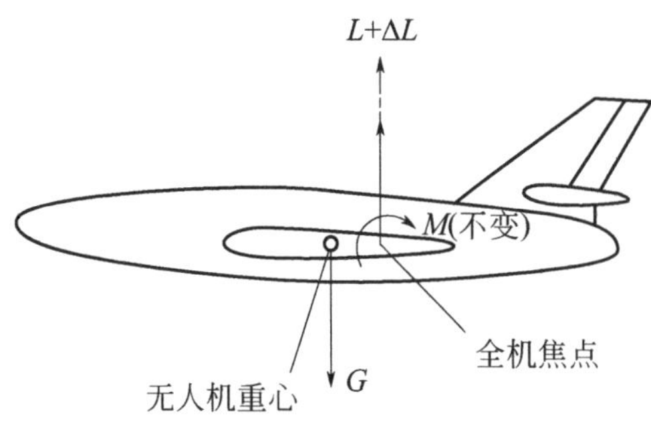

图3-51　无人机的焦点与重心

机具有自动使机头往下而恢复到原来的飞行状态的能力，这就叫“具有纵向静稳定性”。

固定翼无人机如果具备纵向静稳定性，那就要精心设计重心和焦点位置（图3-51）。什么是“焦点”呢？首先要知道无人机“压心”的概念。无人机上空气动力分布压力的合力作用点，称为“压心”。当无人机做等速直线飞行时，总气动力合力在铅垂方向的分量（升力）就等于无人机的重力，因此，这时的压心与重心共线，也就是说，升力对重心的力矩等于零。

“焦点”是无人机另一个十分重要的概念。固定翼无人机上存在这样一个点，就是当无人机的迎角发生变化时，无人机的升力发生变化，而无人机升力对该点的力矩始终不变。这个点，就是“焦点”，可以理解为无人机的升力增量的作用点。

焦点是决定无人机纵向稳定性的一个关键参数。如果无人机原来以一定的迎角做水平直线飞行，有一阵风吹向机头使无人机抬头，升力增大。当焦点在重心之后，焦点上的升力增量就会对重心产生一个恢复力矩（低头力矩），具有自动使机头往下运动的作用，而使无人机恢复到原来的飞行状态，则具有纵向静稳定性（图3-52左）。反之，当焦点在重心之前，焦点上的升力增量就会对重心产生一个抬头力矩，促使机头继续往上运动，有可能使无人机迎角继续增大到失速状态，因此是“纵向静不稳定的”（图3-52右）。

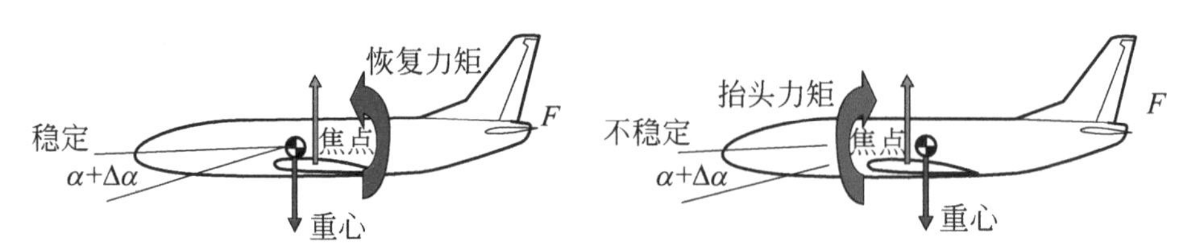

图3-52　无人机的纵向静稳定性

焦点的计算可由机翼和尾翼的平均气动弦长确定。对于有尾翼的常规布局无人机，全机的焦点纵向坐标位置的计算应考虑平尾对焦点的影响，比机翼的焦点偏后。俯仰静稳定度的大小取决于焦点与重心的距离。

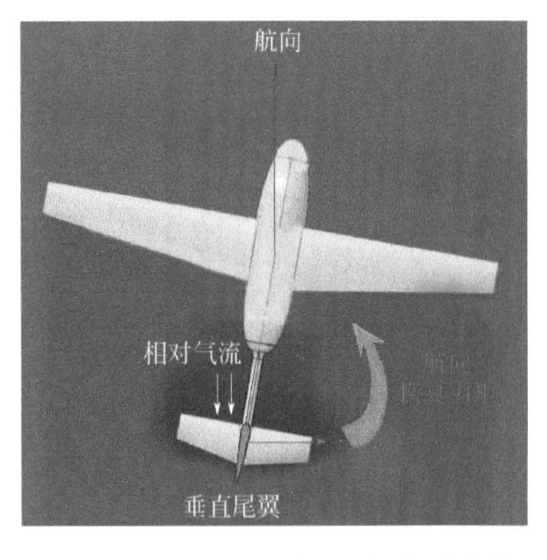

图3-53 固定翼无人机的航向静稳定性

（3）无人机的航向静稳定性分析

无人机绕OY轴的稳定性称为航向稳定。固定翼无人机主要靠垂直尾翼来保证其航向稳定。如图3-53所示，当无人机受到扰动航向发生偏离后，气流与垂直尾翼之间就有了迎角，使垂直尾翼上产生附加推力，该力相对于重心形成航向恢复力矩，使得无人机回到原来的航向。

上述空气动力静稳定分析主要是针对固定翼无人机。

对于无人直升机或多旋翼无人机，通常并不存在空气动力静稳定性。多旋翼无人机的稳定性是通过自动驾驶仪感受无人机的姿态变化，然后调节不同螺旋桨的拉力来实现无人机的姿态稳定的。

3.3.2 无人机的飞行速度

（1）无人机的巡航速度

巡航是无人机的主要设计状态，而极曲线通常是无人机巡航速度设计的依据。极曲线上与过原点直线相切的切点A就是最大升阻比点(图3-54)。

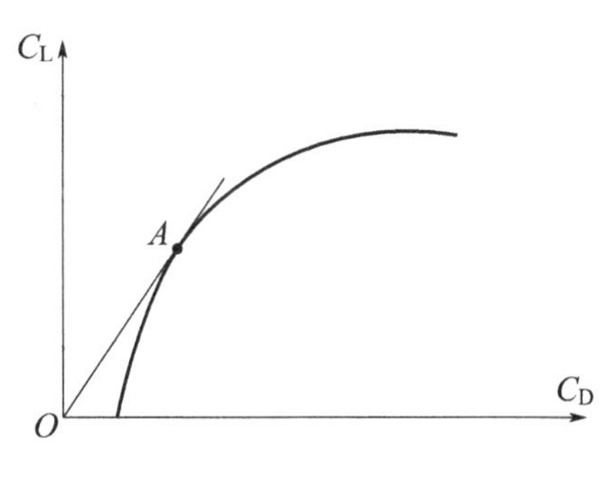

图3-54 极曲线与最大升阻比点

在给定无人机起飞重量情况下，巡航状态的升力与重量平衡：

$$L=C_L\left(\frac{1}{2}\rho v^2\right)S=W$$

通常希望设计巡航状态接近最大升阻比为有利，因此最有利的巡航速度为：

$$v_{\text{巡航}}=\sqrt{\frac{W}{(C_L)_A\left(\frac{1}{2}\rho\right)S}}$$

式中，$(C_L)_A$为极曲线最大升阻比点处的升力系数，同时也决定了巡航状态时无人机的承载能力W。

（2）**最大平飞速度**

无人机最大平飞速度关系到可用推（拉）力和平飞需用推（拉）力协调问题。

通过得到平飞时需用功率与平飞速度之间的关系曲线和可用功率与平飞速度之间的关系曲线，分别绘出可用功率、需用功率与平飞速度之间的关系曲线，两曲线在右上方的交点所对应的平飞速度就是最大平飞速度（图3-55）。

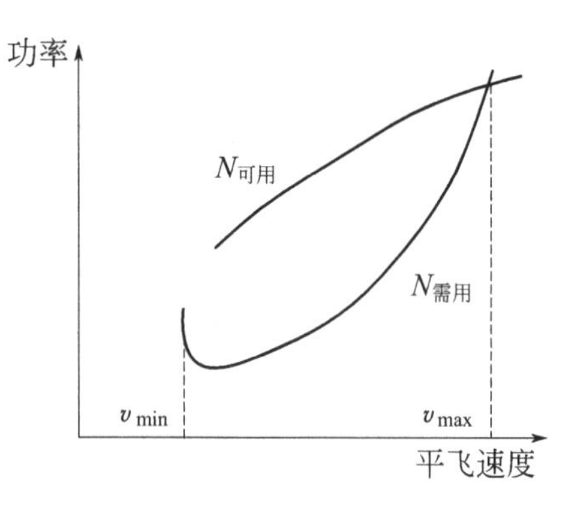

图3-55　最大平飞速度的确定

（3）**最小平飞速度**

最小平飞速度是关系到无人机因速度减小而失速或坠落的临界重要技术参数。

确定最小平飞速度的途径主要从最大升力系数着手，基于气动布局升力系数曲线，则最小平飞速度为：

$$v_{平飞min}=\sqrt{\frac{W}{C_{Lmax}\left(\frac{1}{2}\rho\right)S}}$$

同时，发动机和螺旋桨提供的推力，能够克服最大升力系数时所对应的飞行阻力。

3.3.3　无人机的爬升率

爬升率是指无人机的垂直上升高度变化的速率，通常用米每秒(米/秒)表示。最大爬升率（maximum climb rate）就是无人机在某一高度上，以最大油门状态，按不同爬升角爬升，所能获得的爬升率最大值。

当无人机拉力为最大定值时，爬升角斜率取最大升阻比值可以获得最大的爬升角。

通常通过建立无人机的爬升曲线（飞行时间对爬升高度$t-H$，见图3-56），

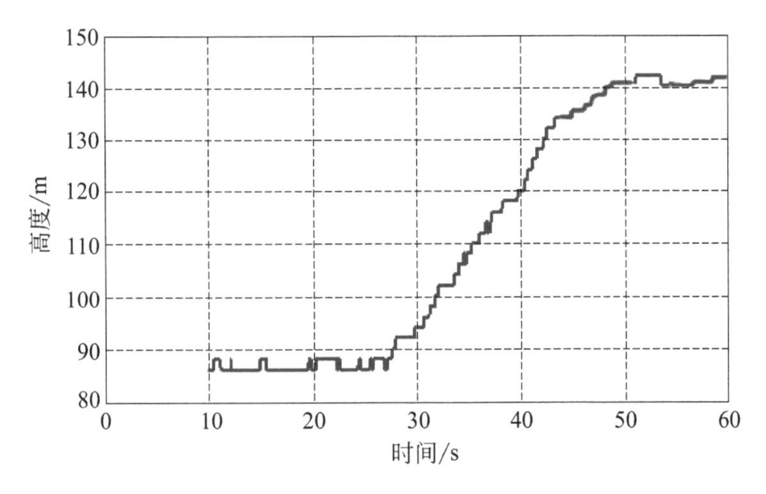

图3-56　无人机爬升曲线

可得到无人机爬升速度的变化和平均爬升速度。

3.3.4　续航性能与航程

（1）续航时间

续航时间是指无人机一次加载能源后连续留空飞行时间。由于小型无人机载重量小，装载能源重量有限，因此维持一定的续航能力是小型无人机一个难点。续航时间为起飞爬升阶段、巡航阶段和下滑着陆阶段时间之和。由于无人机飞行高度很低，爬升、下滑时间很短，续航时间主要取决于巡航时间。

首先在确定设计巡航速度后，计算出相应的平飞需用功率$N_{需用}$；然后以电池能源为例，测试电池组在功率$N_{需用}$的消耗下的有效作用时间（即除去电池电压下降到无法满足巡航速度运行后的电量）；再将巡航可用时间加上爬升时间和下降时间就是无人机的续航时间。

如果不必须满足巡航速度，最大续航时间可能更长一些。可寻取维持重量飞行的更大升力系数和较小的平飞速度，再根据极曲线求出相应的阻力系数与阻力，然后从需用功率与平飞速度之间的关系曲线上，求出比设计巡航时更小的需用功率，于是获得最长续航时间。

（2）航程

航程是指无人机中间不着陆连续航行的最大距离，通常为爬升阶段水平距离、巡航距离和下降着陆阶段水平距离之和：

$$L=L_{爬升}+L_{巡航}+L_{下滑}$$

其中主要巡航航程为：

$$L_{巡航}=v_{巡航}t_{巡航}$$

无人机通常需求飞行半径指标，理论上飞行半径小于航程的一半：

$$R_{飞行}\leqslant(1/2)L$$

3.3.5 无人机的起降性能

（1）起飞性能

无人机起飞有垂直起飞、滑跑起飞和弹射起飞几种。小型固定翼也可以用手抛起飞，而旋翼无人机可以从地面无水平助力起飞。

大型固定翼无人机的起飞需要跑道滑跑加速，加速到产生的升力等于和大于无人机的重量后起飞（图3-57）。为减小滑跑距离，通常设计时需要考虑以下几方面：

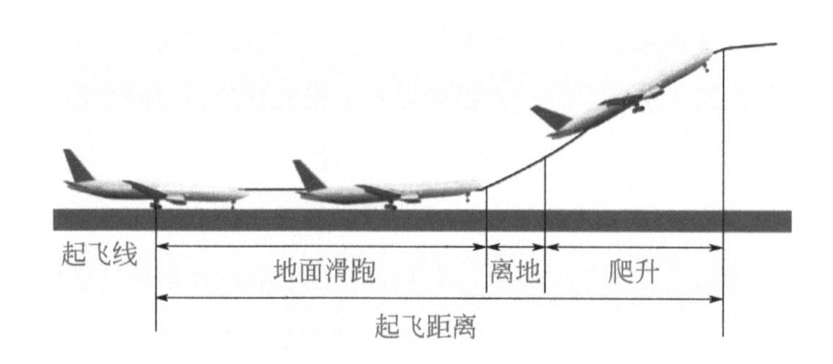

图3-57 固定翼无人机起飞过程

① 设计较小的翼载荷，使无人机在低速下具有足够的升力。从气动角度，小型固定翼的翼载荷不要大于40牛/米^2。

② 设计最小平飞速度，在翼型和机翼气动布局设计时，保证无人机在滑跑速度略大于最小平飞速度时，就能起飞。

③ 减轻无人机重量，尽量减少无人机结构、动力和内部系统的重量。

④ 增加发动机最大功率，使无人机起飞时有足够的加速能力。

（2）着陆性能

固定翼无人机着陆下降通常采用滑翔着陆方式。着陆前对无人机做接近失速大迎角的姿态控制，并逐渐减小动力“油门”至停机，以很小速度飘落着地（图3-58）。有的固定翼无人机着陆需要辅助降落伞或阻网、阻绳着陆。

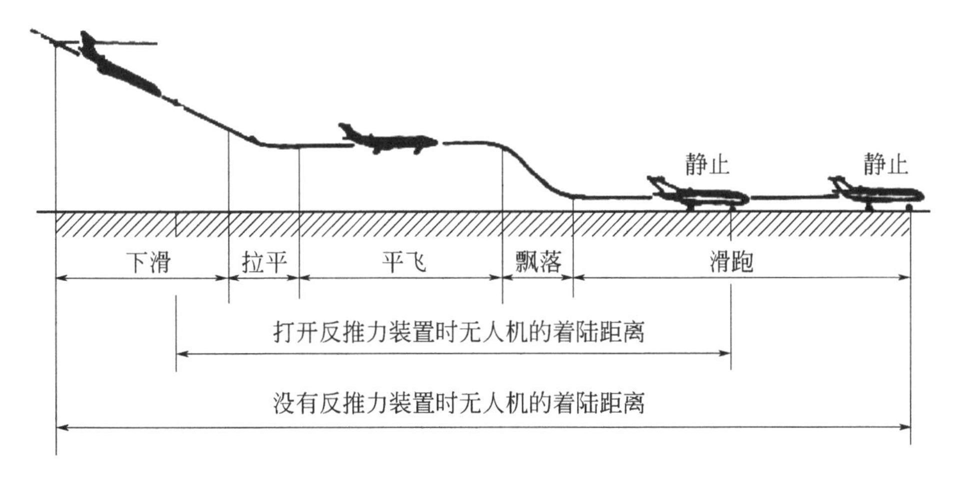

图3-58 固定翼无人机下滑着陆过程

3.4 无人机的动力与能源

3.4.1 无人机动力装置的类型

无人驾驶飞行器是一种有动力、可控制、能携带多种任务设备、执行多种任务并能重复使用的无人驾驶航空器。各种类型的无人机性能各异、功能纷呈，所需要的能源与动力装置也非常广泛。无人机采用的能源与动力装备形式要比有人飞机多，包括：传统的涡轮喷气发动机、涡轮风扇发动机、涡轮螺旋桨发动机、活塞发动机，中小型无人机采用的无刷电动机，以及新型的冲压发动机等。不同用途的无人机对动力装置的要求不同，但都希望动力装置推力大、经济性好、重量轻、体积小、可靠性高、成本低、使用维修方便。

（1）涡轮喷气发动机

涡轮喷气发动机是一种完全依赖燃气喷流产生的反推力作用于飞行器的动力装置。涡轮喷气发动机是二十世纪五六十年代应用最为广泛的航空燃气涡轮发动机，今天仍然是航空飞行器的一种重要的发动机。涡轮喷气发动机推力大、速度高，适用于飞行时间较短的中高空、高速无人侦察机、无人靶机和无人攻击机等，飞行器起飞质量可达2500千克。

航空燃气涡轮喷气发动机是一种热机，将燃油燃烧释放出的热能转变为流经发动机气流的动能。由于气流速度的增加而直接产生反作用推力，因此，这种发动机既是热机又是推进器。与航空活塞发动机相比，航空燃气涡轮喷气发动机结构简单，重量轻，推力大，推进效率高，而且在很大的飞行速度范围内。

涡轮喷气发动机由进气道、压气机、燃烧室、涡轮和喷管等部件组成，如图3-59所示。压气机是专门用来提高气流的压力的，空气流过压气机时，压气机工作叶片对气流做功，使气流的压力、温度升高。在亚声速时，压气机是气流增压的主要部件。从燃烧室流出的高温高压燃气，流过与压气机装在同一条轴上的涡轮。燃气的部分内能在涡轮中膨胀转化为机械能，带动压气机旋转，在涡轮喷气发动机中，平衡状态下气流在涡轮中膨胀所做的功等于压气机压缩空气所消耗的功以及传动附件克服摩擦所需的功。经过燃烧后，涡轮前的燃气能量大大增加，因而在涡轮中的膨胀比远大于压气机中的压缩比，涡轮出口处

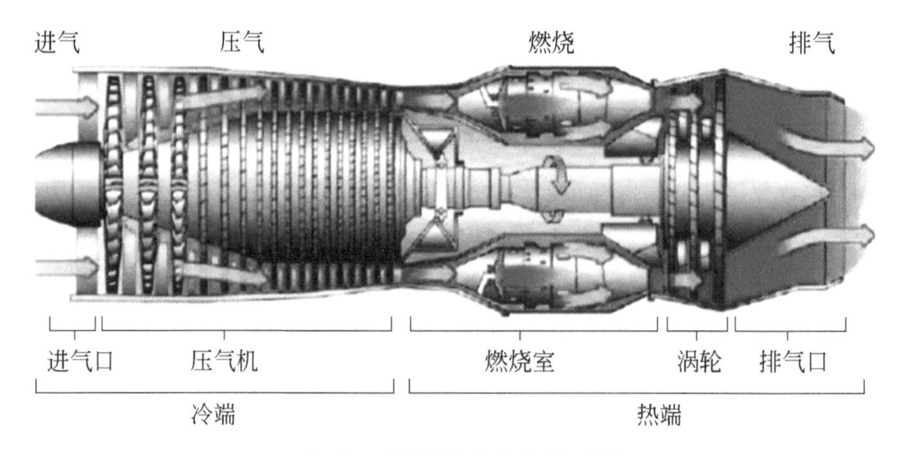

图3-59　涡轮喷气发动机工作原理

的压力和温度都比压气机进口高很多，发动机的推力就是由这一部分燃气的能量而来的。从涡轮中流出的高温高压燃气，在尾喷管中继续膨胀，以高速沿发动机轴向从喷口向后排出，使发动机获得了反作用的推力。一般来讲，当气流从燃烧室出来时的温度越高，输入的能量就越大，发动机的推力也就越大。

涡轮喷气发动机（图3-60）的推力随飞行速度的增加而增加，然而其因较高的耗油率而逐渐被涡轮风扇发动机所替代。

图3-60　典型的涡轮喷气发动机实体（JIT3C）

（2）涡轮风扇发动机

涡轮风扇发动机简称“涡扇发动机”。在20世纪50年代初，国际航空界致力于涡轮螺旋桨发动机的研制与发展。这种发动机在低速飞行时有很高的经济性，但是随着飞行速度的提高，螺旋桨叶尖产生激波，而涡轮喷气发动机在高亚声速工作时又因推进效率较低而耗油率较高，为了改善高亚声速工作时的性能，从20世纪50年代中期开始发展涡轮风扇发动机。

涡轮风扇发动机由涡轮喷气发动机发展而成。与常规涡轮喷气发动机比较，涡轮风扇发动机的主要特点是首级压缩机的面积大很多，压气效果更大。另一方面，前端风扇将部分吸入的空气通过喷射引擎的外涵道向后推出，而产生部分推力。因此，涡扇发动机又称为“双涵道发动机”。

涡轮风扇发动机组合了涡轮喷气发动机和涡轮螺旋桨发动机的优点。其中，高压压气机、燃烧室和高压涡轮机三部分统称为核心机，由核心机排出的燃气中的可用能量，一部分传给低压涡轮用以驱动风扇，余下的部分在喷管中用于加速排出的燃气（图3-61）。风扇转子实际上是1级或几级叶片较长的压气机，空气流过风扇后，分成两路：一路是内涵气流，空气继续经压气机压缩，在燃烧室和燃油混合燃烧，经涡轮和喷管膨胀，以高速从尾喷口排出，产生推力，流经路程为低压压气机、高压压气机、燃烧室、高压涡轮、低压涡轮，燃气从喷管排出；另一路是外涵气流，在风扇后空气经外涵道直接排入大气或同内涵燃气一起从喷管排出。

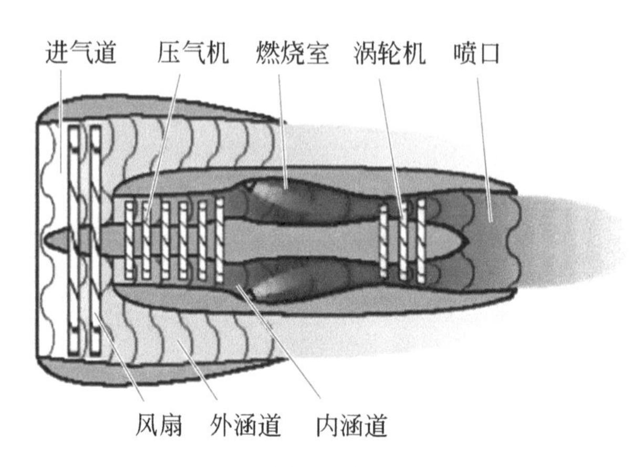

图3-61　涡轮风扇发动机工作原理图

图3-62　典型高涵道比涡轮风扇发动机基本结构

典型高涵道比涡轮风扇发动机基本结构如图3-62所示。

涡扇发动机适用于高空长航时无人机和无人战斗机，飞机起飞重量可以很大，如全球鹰重达11.6吨。随着无人作战飞机迅速发展，涡扇发动机在无人机上运用越来越多，如美国的“捕食者”“火力侦察兵”等察打一体化无人机和“X-47”系列无人作战飞机。

（3）涡轮螺旋桨发动机

涡轮螺旋桨发动机（简称涡桨发动机）虽然也是一种燃气涡轮发动机，但是其燃气能量绝大部分在动力涡轮中膨胀做功，而动力涡轮主要通过减速装置降低转速后再驱动螺旋桨旋转产生推（拉）力，燃气中剩下的很少部分能量在尾喷管中膨胀，产生一小部分推力（图3-63）。

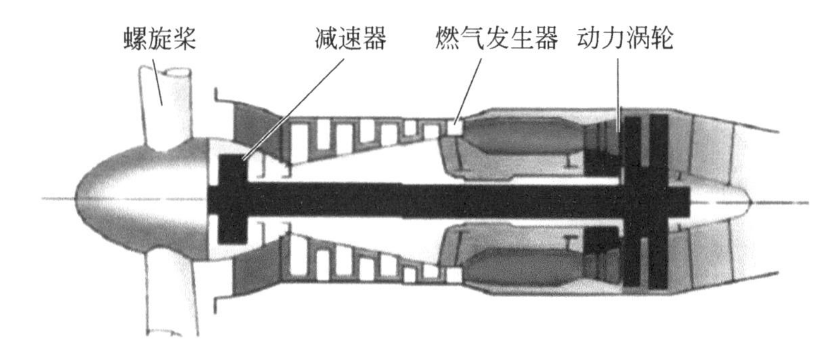

图3-63 涡轮螺旋桨发动机工作原理图

涡轮螺旋桨发动机（图3-64）由于有直径较大的螺旋桨，所以飞行速度受到限制。但是它的排气能量损失少，推进效率高，所以耗油率低。20世纪50年代研制的运输机上多采用涡桨发动机，目前短程客机也主要采用这种发动机。涡桨发动机的优点有：在低、中速飞行时经济性好，起飞功率大，油耗低，续航能力强，还可以利用螺旋桨产生反推力，使着陆滑跑距离大大缩短。

图3-64 一种涡轮螺旋桨发动机

（4）涡轮轴发动机

涡轮轴发动机（简称涡轴发动机），其工作原理（图3-65）和结构（图3-66）基本与涡轮螺旋桨发动机类似，所不同的是，涡轮轴发动机的燃气发生器排出的燃气能量几乎全部在动力涡轮中膨胀。由喷管排出的燃气速度很低，几乎不产生推力，有的喷管从侧向排出，没有反推力。

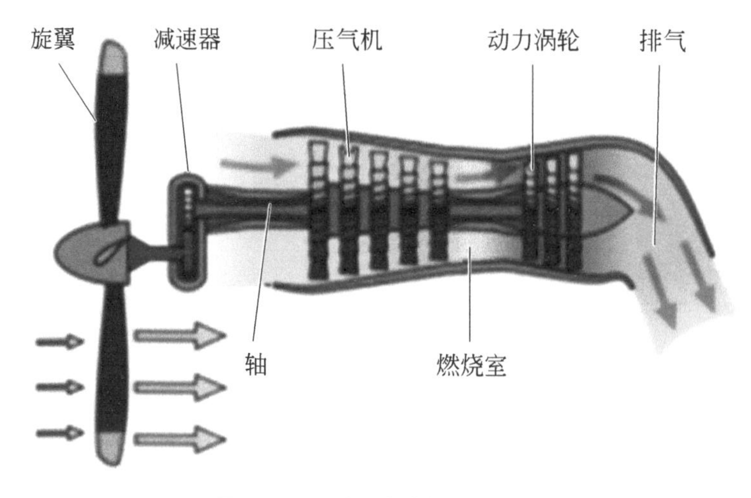

图3-65 涡轮轴发动机工作原理图

涡轮轴发动机的输出轴（连接旋翼轴）转速较高，有的涡轮轴发动机由动力涡轮直接输出功率，有的则经过减速器后再输出功率。涡轮轴发动机主要是直升机的动力装置。

随着直升机的用途日益扩大，特别是武装直升机的飞速发展和民用直升机数量猛增，涡轮轴发动机几乎完全取代了活塞式发动机，而成为大、中型直升机的主要动力系统。目前，正在发展的带超声速离心式压气机的小涡轮轴发动机，将会成为小型无人直升机的主要动力。

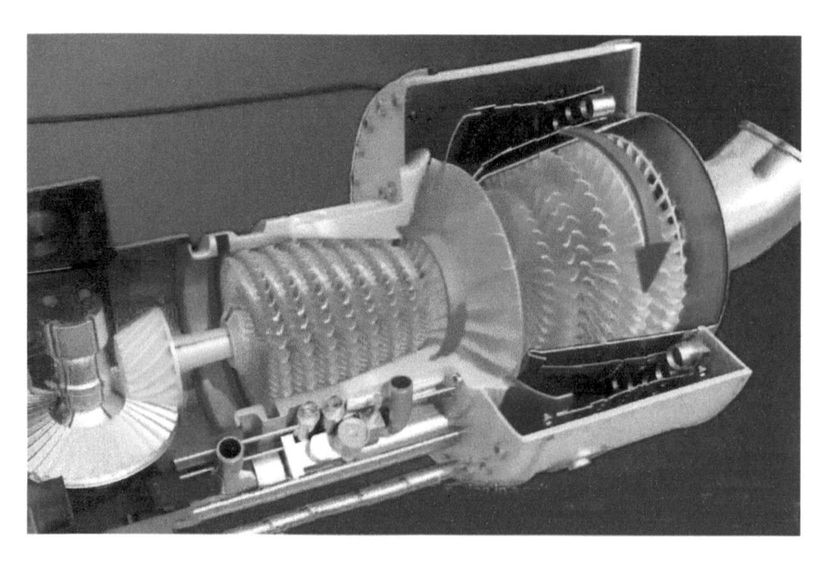

图3-66 涡轮轴发动机结构组成

图3-67 “鹰眼”无人机

“鹰眼”无人机（图3-67）是美国贝尔直升机公司研制的一种无人倾转旋翼飞行器。该无人机主要为海军研制，可用于侦察、监视、目标指示、搜索、炮火支援、战损评估、通信中继和电子对抗等。该无人机的主要特点是发动机及其旋翼可以倾转。当其旋翼轴从垂直状态转到水平状态时，其飞行状态由直升机模式过渡到飞机模式，可实现垂直或短距起飞以及垂直着陆。与固定翼无人机相比，“鹰眼”具有可垂直起降、空中悬停、无需专门起降装置、使用灵活等一般无人直升机的优点，相比于传统的无人驾驶直升机，其具有巡航速度快、巡航时间长、飞行包线大等特点。

“鹰眼”的发动机是加拿大普惠公司的PW200-55涡轮轴发动机，功率为478千瓦，具有高可靠性、低油耗、易维护、无烟特征和翻修间隔时间为3000小时等特点。

（5）冲压发动机

冲压式燃气喷气发动机（简称冲压发动机）是一种无压气机式空气喷气发动机，其主要部件仅有进气道、燃烧室和尾喷管，因此结构十分简单。

冲压发动机没有压气机，只能依靠高速空气流的冲压作用而进行工作，其工作过程如下：高速空气冲向进气道后，气流速度降低、压力提高，压缩后的空气与燃油喷嘴喷出的燃油混合，在燃烧室内进行等压燃烧，高温高压的燃气由尾喷管高速喷出，产生反作用推力（图3-68）。

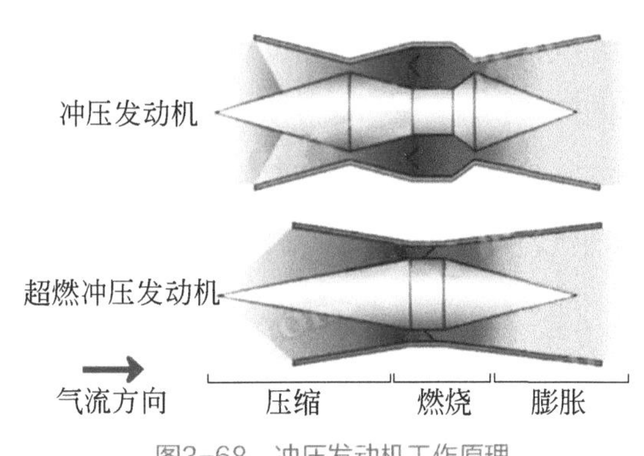

图3-68 冲压发动机工作原理

冲压发动机（图3-69）按应用范围划分为亚声速、超声速、高超声速三类。

图3-69　试验中的冲压发动机

① 亚声速冲压发动机。亚声速冲压发动机使用扩散型进气道和收敛型喷管，使用喷气燃料。通常飞行马赫数小于0.5时不能正常工作。亚声速冲压发动机用在亚声速航空器上，如亚声速空中无人机。

② 超声速冲压发动机。超声速冲压发动机采用超声速进气道(燃烧室入口为亚声速气流)和收敛型或收敛扩散型喷管，使用喷气燃料或烃类燃料。超声速冲压发动机的推进速度为亚声速到6倍声速，用于超声速无人机和导弹。

③ 高超声速冲压发动机。这种发动机燃烧在超声速下进行，使用烃类燃料或液氢燃料，飞行马赫数高达5～16。目前，高超声速冲压发动机正处于发展之中。 超声速燃烧冲压发动机是一种以超声速燃烧为特色的冲压发动机，在高速时，需要超声速燃烧来保证较高的燃料利用率。通常以超声速燃烧为特色的冲压发动机简称超燃冲压发动机，理论上包括燃烧室入口为亚声速气流冲压发动机，但是高超声速冲压发动机燃烧室入口为超声速气流，所以超燃冲压发动机更多指燃烧室入口为超声速气流冲压发动机。目前，高超声速冲压发动机应用的代表有美国的X-43A、X-51A“乘波者”高超声速无人机。

(6) 航空活塞式发动机

航空活塞式发动机的原理（图3-70）与地面交通工具用的活塞式发动机相同，只是在相同马力下重量更轻，体积更小。航空活塞式发动机适用于低速、

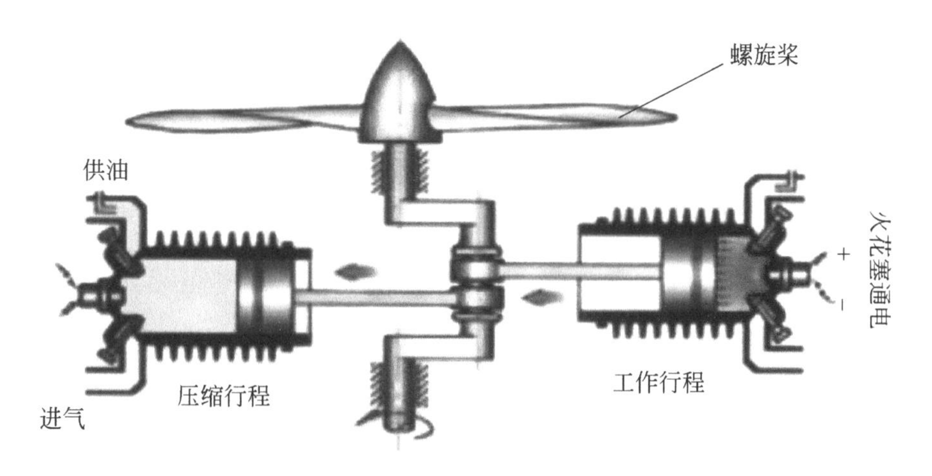

图3-70 航空活塞式发动机工作原理图

中低空的小型无人机和长航时无人机。早期无人机动力装置几乎全部采用航空活塞式发动机。而小型无人机的动力装置应具有高功率密度、轻量化和低振动等特性。因此，各种二冲程和四冲程发动机在中小型无人机上得到广泛应用，功率覆盖100千瓦以内。

小型二冲程发动机一般为化油器、风冷、自然吸气式，具有升功率大、体积小、重量轻、结构简单、使用维护方便的优点，满足一般小型低空短航时无人机的要求。四冲程发动机具有较大的功率、较低的耗油率、优良的高空性能和可靠性，如奥地利生产的四冲程化油器式增压发动机ROTAX系列。

随着无人机技术的快速发展和应用，各国对重油发动机技术发展研究更加深入。重油发动机（图3-71）具有安全性高、燃料经济性高和保障成本低等优

(a) 汽油发动机

(b) 重油发动机

图3-71 燃料活塞式发动机实例

势，单一燃料重油使用是未来无人机活塞动力系统发展的必然趋势。

（7）无刷电动机

目前，小型无人机多半采用无刷电动机作为动力装置。无刷直流电动机集交流电动机和直流电动机优点于一体，它既具有交流电动机结构简单、运行可靠、维护方便等一系列优点，又具备直流电动机运行效率高、调速性能好的特点，同时无励磁损耗。无刷直流电动机还具有高能量密度、高转矩惯性比、高效率等特点，在快速性、可控性、可靠性、经济性等方面具有明显的优势，且制造和维修成本大大降低。

无刷直流电动机由永磁体转子、多级绕组定子、位置传感器等组成。位置传感器按转子位置的变化，沿着一定次序对定子绕组的电流进行换流，即检测转子磁极相对定子绕组的位置，并在确定的位置处产生位置传感信号，经信号转换电路处理后去控制功率开关电路，按一定的逻辑关系进行绕组电流切换。定子绕组的工作电压由位置传感器输出控制的电子开关电路提供。无刷电动机目前分类有两种：一种是内转子无刷电动机，一种是外转子无刷电动机（图3-72）。

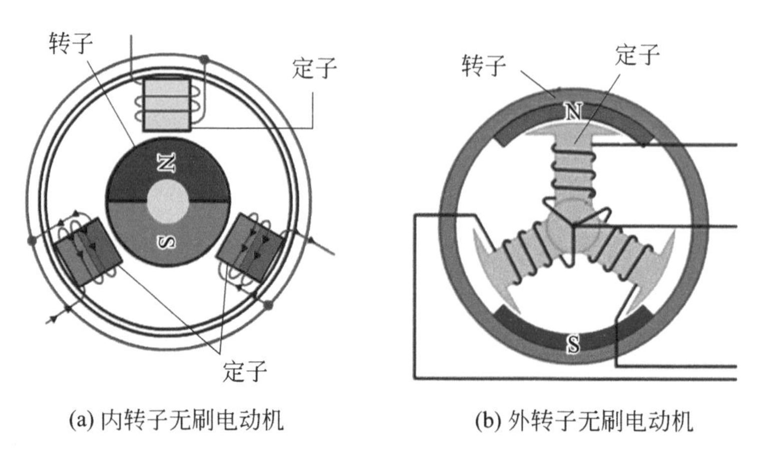

图3-72　无刷电动机原理图

无刷直流电动机为了除掉有刷直流电动机的电刷，外转子电动机将电驱放到定子上，转子制成永磁体。为了使无刷电动机驱动转起来，必须使定子电驱各相绕组不断地换向通电，这样才能使定子磁场随着转子的位置在不断变化，使定子磁场与转子永磁场始终保持左右的空间角，从而产生转矩推动转子转动。

通常无人机多采用外转子无刷电动机（图3-73），因为外转子无刷电动机散热性好，磁极数多，扭矩比内转子大。无刷电动机适用于微小型无人机，无人机的起飞质量通常可从几百克到几十千克。

图3-73　外转子无刷电动机

3.4.2　无人机的能源

燃气涡轮系列发动机的燃料与常规有人驾驶飞行器的能源一样，如汽油、天然气、丙烷、柴油、煤油，也可以利用可再生燃料，如E85酒精汽油、生物柴油及生物气体等，这里不再详述。航空活塞式发动机能源，主要采用汽油和柴油两种。

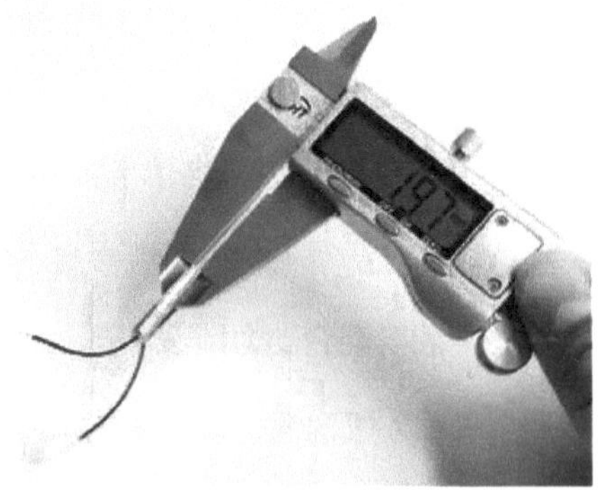

（1）聚合物锂电池

目前，小型电动无人机的电源主要以聚合物锂电池（图3-74）为主。聚合物锂电池与普通锂电池的主要区别在于电解质的不同。普通锂电池使用液体电解质，聚合物锂电池是在锂离子电池的

图3-74　聚合物锂电池

基础上以高分子聚合物电解质取代传统的液态有机电解质。这种高分子电解质既可以作为传导离子的媒介，又可以作为隔离膜使用，再加上与金属锂的反应性极低，因此有效避免了锂离子电池的容易燃烧和容易漏液的现象。并且由于锂离子聚合物电池是将液态有机电解质吸附在一种聚合物基质上，被称作胶态电解质，这种电解质既不是游离电解质，也不是固体电解质，从而使得锂离子聚合物电池不仅具有液态锂离子电池的优良性能，还可以制成任意形状和尺寸，如超薄型产品，使得其适用范围广，发展前景好。

聚合物锂电池具有容量密度大、自放电小、寿命长、没有记忆效应、安全性能好、重量轻、容量大、内阻小、形状可定制等优点，缺点是电池成本较高，需要保护线路控制，过充或者过放都会使电池内部化学物质的可逆性遭到破坏，从而严重影响电池的寿命。

聚合物锂电池放电倍率：用来表示电池充放电电流大小的比率，即倍率。例如，额定容量为24安培小时（A·h）的电池用12安培放电时，放电倍率为0.5；用24安培放电时，电池放电倍率为1；用48安培放电时，电池放电倍率为2。

由于目前聚合物锂电池的能重比限制，电动无人机的续航时间十分有限。为此，各种替代聚合物锂电池的无人机新能源相继而出。

（2）油电混合动力能源

用于无人机的混合动力装置，通常由常规燃油发动机（活塞式发动机或燃气涡轮发动机）发电和电池驱动两种动力系统构成（图3-75），以实现无人机良好的

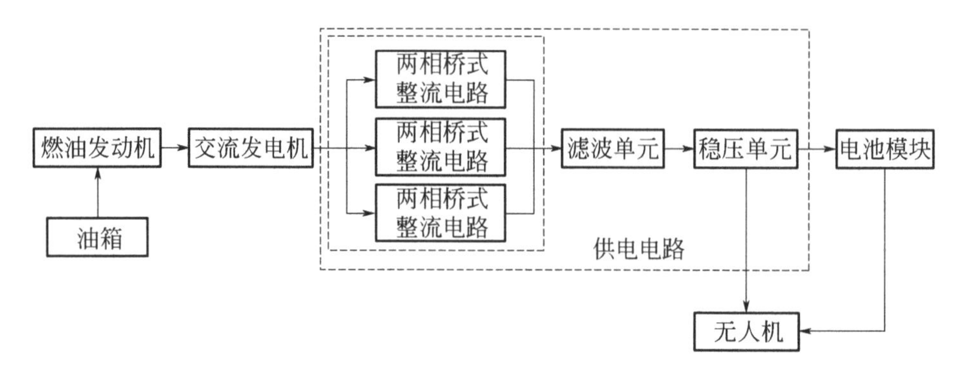

图3-75　一种油电混合动力系统原理框图

起飞、爬升性和静音、长航时等性能的结合。此混合方式简单高效，体积小，稳定。可充分利用电动机，结构较为简单，重量轻，但是设计繁琐，负载低。

另一种混合动力方式，采用燃油发动机直接驱动主螺旋桨和发电机，同时为锂电池充电。此混合方式可靠性较高，可负载高，但是体积较大，结构复杂，旋翼数量多时性能降低，并存在无人机自扭转问题。

一种油电混合动力装置及其无人机如图3-76所示。

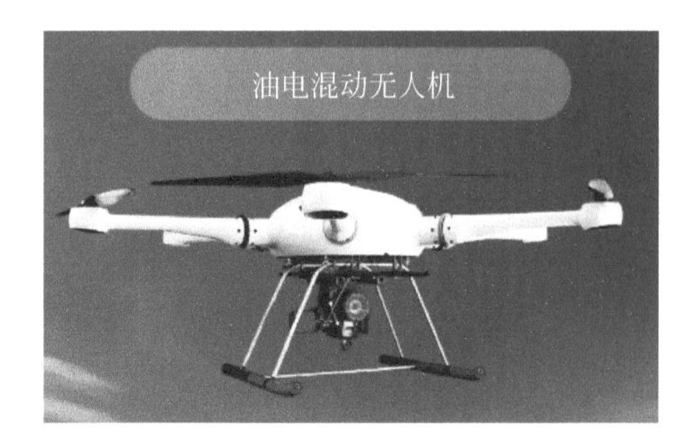

图3-76　一种油电混合动力装置及其无人机

（3）燃料电池

随着军方对替代性能源的不断开发，使用燃料电池（图3-77）取代锂电池甚至内燃机来驱动的技术逐渐吸引了人们的注意，它不但能量转换效率高（一般都在40%～50%）、寿命长、比功率高，而且对环境无污染。世界上许多国家都非常重视燃料电池开发。近年来，由于电极材料、总体质量、制造成本等方面的原因，人们对其短期内进入实用化的可能性产生质疑，因而减缓了研制进度。但是，燃料电池技术的支持者们认为，燃料电池比现有的电池及内燃发动机都拥有更多的优势。

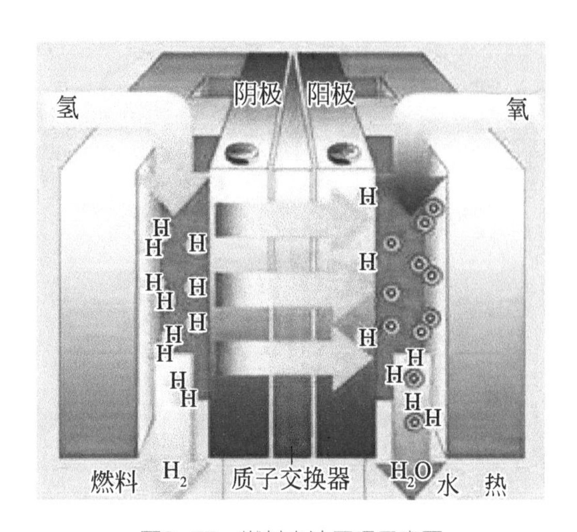

图3-77　燃料电池原理示意图

液氢气燃料电池（图3-78）已成为航空技术的未来发展方向之一。它的工作原理，是利用一种叫质子交换膜的技术，使氢气在覆盖有催化剂的质子交换膜作用下，在阳极将氢气催化分解成为质子，这些质子通过质子交换膜到达阴极，在氢气的分解过程中释放出电子，电子通过负载被引出到阴极，这样就产生了电能。燃料电池在阳极除供应氢气外，同时还收集氢质子，释放电子；在阴极通过负载捕获电子产生电能。质子交换膜的功能只是允许氢质子通过，并与阴极中的氧结合产生水。这种水在反应过程温度作用下，以水蒸气的形式散发在空气中。

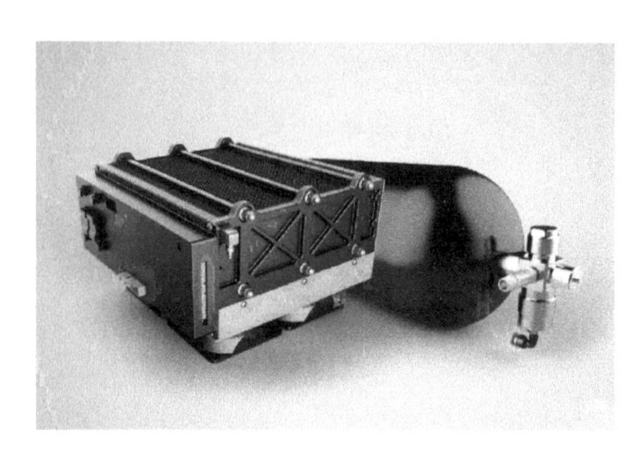

图3-78　液氢气燃料电池实例

根据上述燃料电池的工作原理，只要不断地补充燃料，燃料电池就能不间断地运行，提供电能。

与传统电池相比，它们尺寸小、重量轻、工作时间长且安全性好；与内燃发动机相比，它们噪声低、排放量小、工作高效且能支持室内作战行动。

图3-79、图3-80分别为荷兰、中国研制的燃料电池无人机。

图3-79　一种燃料电池多旋翼无人机（荷兰）

（4）太阳能无人机

太阳能无人机是利用太阳光辐射能作为动力，在高空连续飞行数周以上的无人驾驶飞行器，它利用太阳电池将太阳能转化为电能，通过电动机驱动螺旋桨旋转产生飞行动力。

图3-80　国产雷鸟氢燃料电池无人机

薄膜太阳能模块是由玻璃

基板、金属层、透明导电层、电器功能盒、胶合材料、半导体层等所构成的。硅材料是现今太阳电池的主导材料，在成品太阳电池成本份额中，硅材料占了将近40%，而非晶硅太阳电池的厚度不到1微米，不足晶体硅太阳电池厚度的1/100，这就大大降低了制造成本，又由于非晶硅太阳电池的制造温度很低(一200℃)、易于实现大面积等优点，使其在薄膜太阳电池中占据首要地位。薄膜太阳电池（图3-81）可以使用价格低廉的玻璃、塑料、陶瓷、石墨、金属片等材料当基板来制造，形成可产生电压的薄膜厚度仅需数微米，因此在同一受光面积之下可较硅晶圆太阳电池大幅减少原料的用量(厚度可低于硅晶圆太阳电池90%以上)，目前实验室转换效率最高已超20%，规模化量产稳定效率最高约13%。薄膜太阳电池除了平面结构之外，也因为具有可挠性，可以制作成非平面结构，其应用范围大，可与飞行器机体表面结合或是变成结构的一部分。

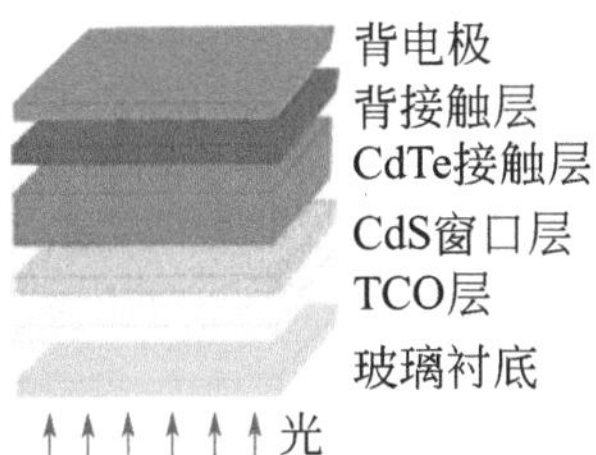

图3-81　薄膜太阳电池及其结构之一

据报道，由于透明柔性染料敏化太阳电池（DSSCs）具备较佳的光电转换效率和良好的扩展性，DSSCs与传统硅系太阳电池的结构不同，其纳米半导体表面的涂料能捕获光子并将其转化为电子。这种太阳电池具有较佳的光电转换效率和良好的扩展性能，在价格上也更易进行推广。经过多次试验，使用轻型薄膜太阳电池的试验飞机终于试飞成功。储能系统是太阳能无人机中重要的组成部分，目前国外太阳能无人机概念设计阶段提出储能器应选择高能量密度、高效率的燃料电池。例如，在美国国家航空航天局（NASA）的支持下，Aero Vironment公司研制成功一架使用燃料电池作备份动力的无人驾驶飞机“太阳神”号（图3-82），“太阳神”机翼上有62000枚太阳电池，以此驱动由小型电动机所转动的14具螺旋桨。该公司正在发展可重复充电的氢氧能源储存系统。

图3-82 “太阳神”号无人机

2018年，空客“西风”太阳能无人机（图3-83）首飞，创造飞行了25天23小时57分钟的世界纪录。英国工程师制造了一种太阳能无人机，翼展115英尺（约35米），计划连续飞行一年，作为当今普遍使用的近地轨道卫星的替代品。

图3-83 “西风”无人机

（5）地面供电系留无人机

地面供电无人机又称为系留无人机，它利用地面发电机或者市电通过自带100米到几百米的电缆供电，可以实现24小时或更长时间不间断留空，实现大重量载重升力的无人机方案（图3-84）。利用有线电缆供电几乎可以让无人机“永久地”运转，也可以通过光纤加快和加大无人机与地面站之间数据传输的速度和数据量。但由于受到有线连接的限制，无人机无法进行远距离飞行。

为此，也有设计车载或船载系留无人机。这种系留无人机的电力输送系统，可以装载在地面的汽车或船舶上等，并设计了无人机能够随车、船移动做不间断相向同步飞行。

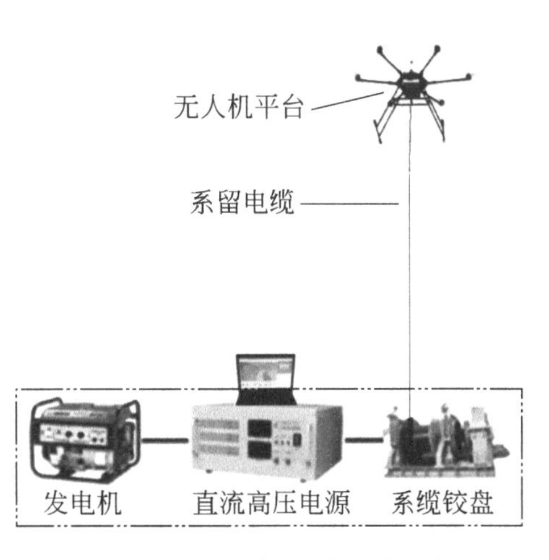

图3-84　地面供电无人机系统示意图

系留无人机可搭载可见光变焦摄像机、红外摄像机、机载雷达、通信天线和灯光等各种载荷，完成安保监控、应急抢险、交通管制等任务。

系留无人机还可以装载中继通信设备，作为空中临时通信中继站，可用于灾情通信临时中断的应急装置，或战场空中通信中继装备。

（6）**激光发射供电**

使用激光发射器为无人机供电，从地面发射的激光光束被机身上的接收器转化成动力（图3-85），几乎可以支持无人机一直工作。与太阳光相比，激光在能量传输上更具优势，如其照射时间和角度能够人为地控制，从而为无人机提供24小时不间断的电力。激光发射器在提供无人机动力时具有效果显著、安全系数高的特点，使其备受研发群体的青睐。

图3-85　激光发射供电试验

（7）无线充电技术

无线充电技术是一种在无人机飞行时就可给其无线充电的高效方案（图3-86）。这项理论突破，让无人机可在空中无限期停留，通过简单地悬停在地面车辆上方接受充电，可以方便地对无人机进行远程控制。无线充电的充电板设计具有防水特点，全封闭。当无人机充电时，发射端充电板检测到接收端无人机即可开始启动充电，可以应对户外恶劣天气。目前，伦敦帝国理工大学Samer Aldhaher博士将现有微型无人机的电池移除，通过电感耦合、无线传输能量，成功实现了一台没有电池的轻型无人机在低空盘旋。但在该无人机飞行演示中，无人机距离无线能量传输装置的高度仅有5英寸(12.7厘米)，且横向运动幅度也十分有限。

图3-86　无人机无线充电试验

第4章

无人机的飞行控制与导航

4.1 无人机的运动控制基础

4.1.1 无人机坐标系

要控制在空中飞行的无人机，必须要知道无人机的运动状态，就要设定无人机的坐标系。根据不同分析的需要，无人机常见有以下几种坐标系。

（1）地面坐标系

地面坐标系又称“惯性坐标系”，指与地面固连的坐标系（图4-1），以无人机在地面起飞点为原点，以过原点与地面垂直向上的线为y轴，通常x轴沿无人机初速在水平面上的投影方向，z轴按右手法则确定。

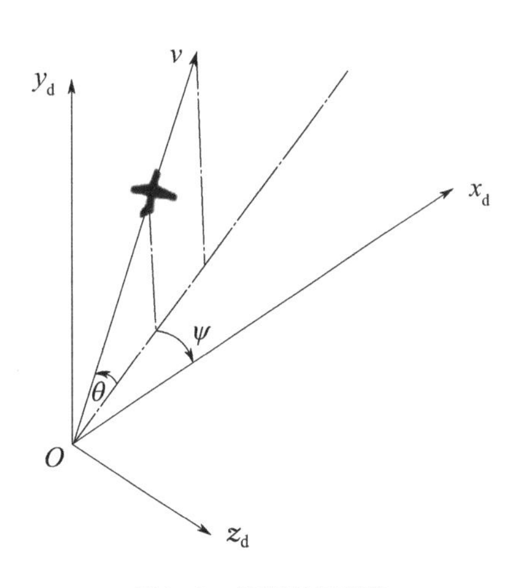

图4-1　地面坐标系图

（2）机体坐标系

机体坐标系指与无人机固连并随无人机运动的一种常用的动坐标系（图

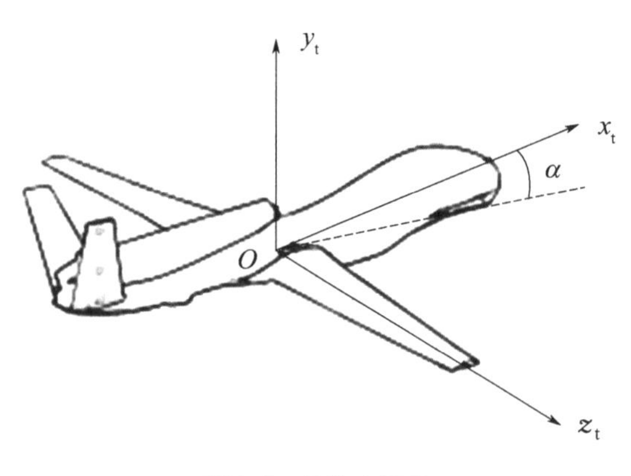

图4-2　机体坐标系

4-2）。它的原点位于无人机的质心。x轴（纵轴）平行于机身轴线，指向机身前方；y轴亦在无人机对称平面内，垂直于x轴，指向机身上方；z轴按右手法则。

另有气流坐标系，又称速度坐标系，原点位于无人机质心，x轴始终指向无人机的空速方向。气动力的三个分量，即升力L、阻力D和侧力C，是在气流坐标系中定义的。

（3）无人机的姿态角和迎角

飞行中无人机姿态的描述，通常用以下角度表示：

① 俯仰角θ，无人机机体纵轴与水平面的夹角。

② 迎角α，无人机机体纵轴与空速矢量对称面上投影的夹角。

③ 侧滑角β，无人机对称面与空速方向之间的夹角。

④ 偏航角ψ，无人机机体纵轴在水平面上的投影与地速x方向之间的夹角。

⑤ 滚转角ϕ，无人机对称面与通过机体纵轴的铅垂面间的夹角。

4.1.2　无人机的运动方程

无人机的运动，可分解为质心的线运动以及绕质心的旋转运动。

（1）质心运动方程

① 质心动力学方程。无人机质心动力学方程主要描述无人机质心加速度与作用力之间的关系，其基本形式为：

$$m\frac{\mathrm{d}\boldsymbol{V}_\mathrm{k}}{\mathrm{d}t}=\boldsymbol{P}+\boldsymbol{A}+m\boldsymbol{g}$$

式中，m为无人机质量；$\boldsymbol{V}_\mathrm{k}$为无人机质心运动速度；$\boldsymbol{P}$为推进力；$\boldsymbol{A}$为空气动力；$\boldsymbol{g}$为重力加速度。

② 质心运动学方程。无人机质心运动学方程主要描述无人机位置变化率和速度的关系，其基本形式为：

$$\mathrm{d}\boldsymbol{R}/\mathrm{d}t=\boldsymbol{V}_{\mathrm{k}}$$

无人机质心运动学方程在地面坐标系下的形式为：

$$\begin{bmatrix} \mathrm{d}x_g/\mathrm{d}t \\ \mathrm{d}y_g/\mathrm{d}t \\ \mathrm{d}z_g/\mathrm{d}t \end{bmatrix} = \begin{bmatrix} V_{\mathrm{k}.xg} \\ V_{\mathrm{k}.yg} \\ V_{\mathrm{k}.zg} \end{bmatrix} = \boldsymbol{V}_{\mathrm{k}} \begin{bmatrix} \cos\gamma\cos\chi \\ \cos\gamma\sin\chi \\ -\sin\gamma \end{bmatrix}$$

（2）旋转运动方程

① 旋转动力学方程。无人机旋转动力学方程主要描述无人机角加速度与作用力矩之间的关系，其基本形式为：

$$\mathrm{d}\boldsymbol{H}/\mathrm{d}\boldsymbol{t}=\boldsymbol{M}$$

式中，$\boldsymbol{M}$为无人机所受外力矩；$\boldsymbol{H}$为无人机动量矩，$\boldsymbol{H}=\boldsymbol{I\omega}$，$\boldsymbol{I}$为无人机惯性张量，$\boldsymbol{\omega}$为角速度。

② 旋转运动学方程。无人机旋转运动学方程主要描述无人机姿态变化率和角速度的关系，其在机体坐标系下形式为：

$$\begin{bmatrix} \mathrm{d}\phi/\mathrm{d}t \\ \mathrm{d}\theta/\mathrm{d}t \\ \mathrm{d}\psi/\mathrm{d}t \end{bmatrix} = \begin{bmatrix} \omega_{x\mathrm{b}}+\tan\theta(\omega_{y\mathrm{b}}\sin\phi+\omega_{z\mathrm{b}}\cos\phi) \\ \omega_{y\mathrm{b}}\cos\phi-\omega_{z\mathrm{b}}\sin\phi \\ (\omega_{y\mathrm{b}}\sin\phi+\omega_{z\mathrm{b}}\cos\phi)/\cos\theta \end{bmatrix}$$

习惯上把角速度在机体坐标系下的分量分为滚转角速率、俯仰角速率和偏航角速率（图4-3）。

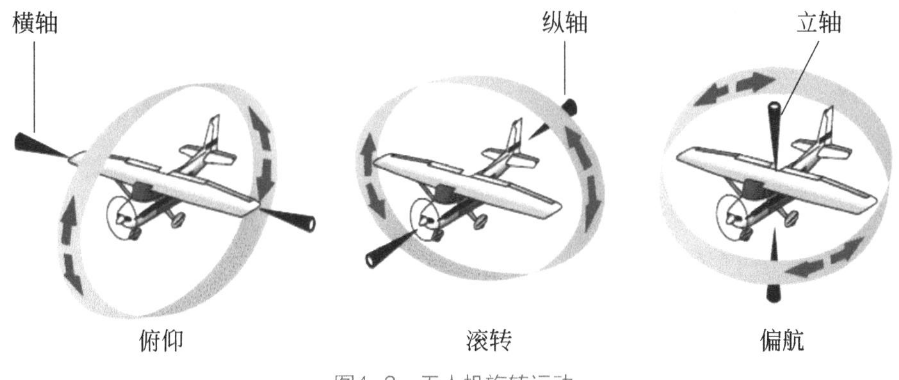

图4-3　无人机旋转运动

4.1.3 固定翼无人机的运动控制舵面与操纵

固定翼无人机的发动机产生推力是作为飞机向前飞行的动力，并控制前进速度的大小。无人机的升力是依靠机翼与空气的相对运动产生的。固定翼无人机的姿态控制和俯仰、偏航、滚转运动是用舵面产生的力矩来控制的（图4-4）。

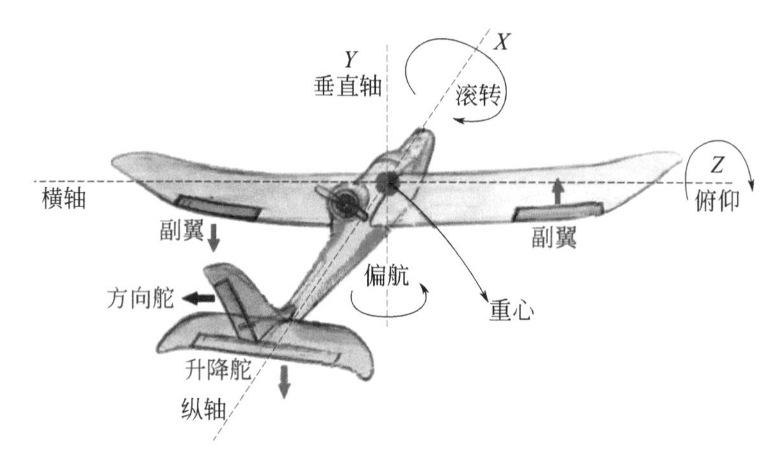

图4-4 固定翼无人机的舵面和姿态运动

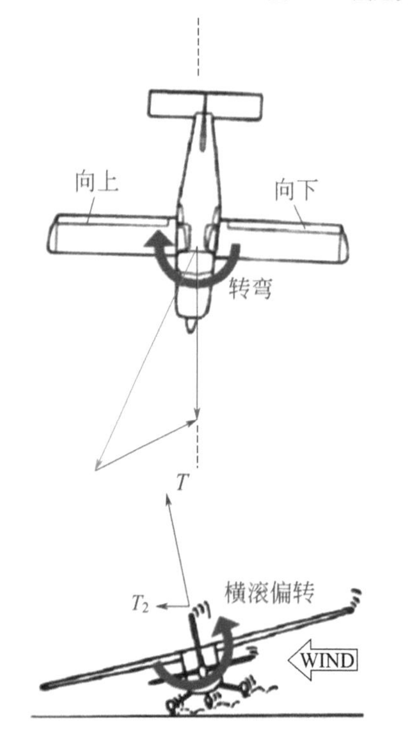

图4-5 固定翼无人机的侧滑转弯运动

固定翼无人机的升降是靠升降舵偏转力矩使无人机产生俯仰转角，从而产生迎角的变化来引起升力变化，实现无人机的升降。固定翼无人机的航向改变是靠方向舵偏转力矩使无人机产生偏航转角，从而实现无人机的航向改变。固定翼无人机的横滚姿态改变是靠左右副翼的差动偏转（一侧副翼向上偏转，另一侧副翼向下偏转）产生的滚转力矩，从而使无人机产生滚转（图4-5）。另一个改变航向的方式，是利用左右副翼的差动偏转产生的侧滑角，产生向心力实现无人机的转弯。

从3.3.1小节无人机的静稳定性可知，固定翼无人机通过水平尾翼、垂直尾翼和机翼可以实现无人机俯仰、航向和横向一定的“静稳定性”。

4.1.4　无人直升机的运动操纵原理

无人直升机旋翼是其升力和前进力的来源。旋翼同时也是无人直升机的“操纵”源，通过旋翼变距产生控制力作用于直升机（图4-6），使其能够完成悬停、爬升、下滑、前后飞、侧飞等动作。

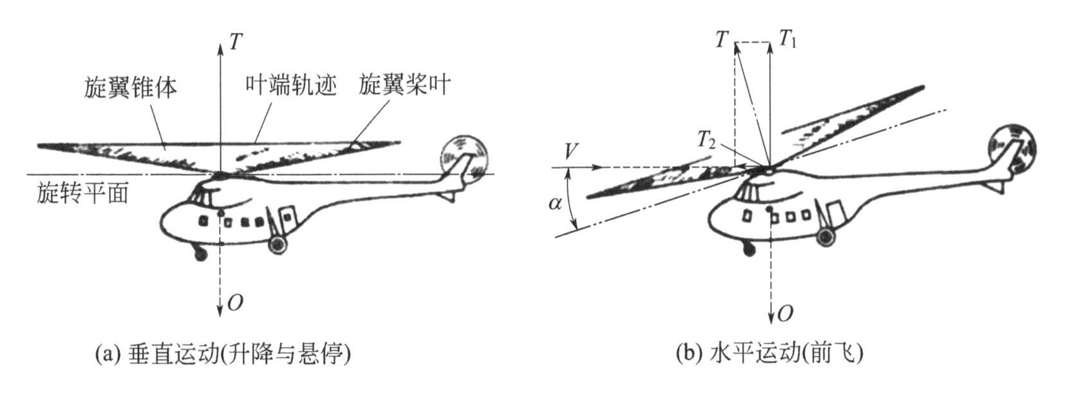

图4-6　无人直升机的垂直运动和水平运动

直升机旋翼轴的倾转，通常是靠旋翼“周期变距”来实现的。自动倾斜器无倾斜时，各片桨叶在旋转时桨距保持恒定；当它被操纵倾斜时，则每片桨叶在旋转中周期性地改变桨距，从而因桨叶在一个周期内不同位置时拉力大小的周期变化，使得桨盘向一定的方向倾斜。变距拉杆转至倾斜器上位时桨距加大，桨叶向上挥舞；转至下位时桨距减小，桨叶向下挥舞。这样就形成旋翼旋转面的倾斜，使旋翼合力倾斜，产生一水平分力。直升机的前后和左右方向的飞行运动就是通过这种操纵实现的，称为周期变距操纵。操作员操纵（提或压）总距杆使自动倾斜器沿旋翼轴平行向上或向下滑动。各片桨叶的桨距将同时增大或减小，使旋翼的升力增大或减小，直升机随之上升或下降，这种操纵称为总距操纵。直升机倾斜的桨叶周期变距原理如图4-7所示。

4.1.5　多旋翼无人机运动的控制原理

多旋翼无人机运动不同于依靠舵面控制的固定翼无人机，也不同于依靠变

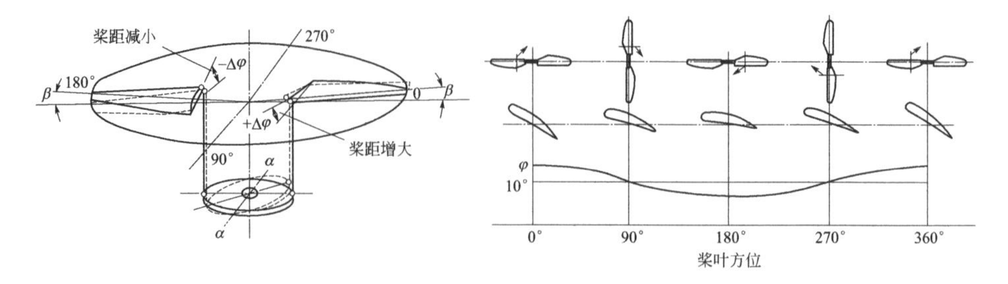

图4-7 直升机倾斜的桨叶周期变距原理

距自动倾斜器控制的无人直升机，它是直接依靠动力“油门”控制多旋翼不同转速产生的拉力系变化来控制多旋翼的姿态和运动。

以四旋翼无人机为例，从图4-8可以知道多旋翼无人机的姿态控制原理。

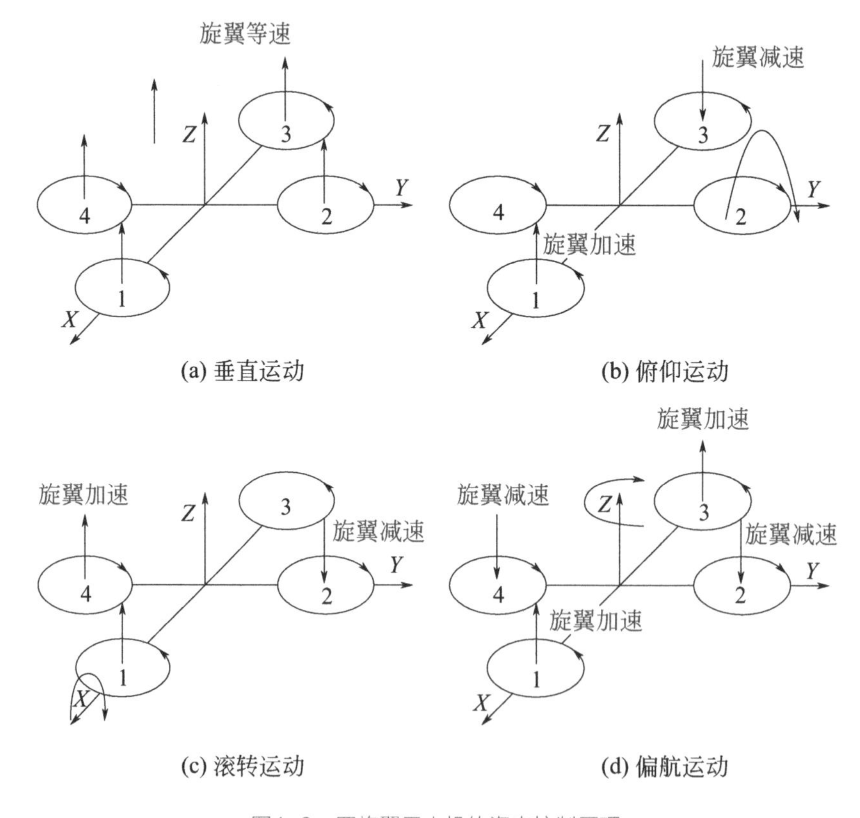

图4-8 四旋翼无人机的姿态控制原理

① 当四个旋翼的转速相同时，可以实现无人机的垂直升降运动或悬停。

② 当四个旋翼的前后旋翼转速有差动时，可以实现无人机的俯仰运动。

③ 当四个旋翼的两侧旋翼转速有差动时，可以实现无人机的滚转运动。

④ 当四个旋翼的前后旋翼转速相同、两侧旋翼转速相同，同时前后旋翼转速与两侧旋翼转速之间有差动时，可以实现无人机的偏航运动。

因此，只要能精确控制各个电动机的“油门”大小，就能够控制多旋翼无人机的姿态和旋转运动。多旋翼无人机的姿态控制要比无人直升机方便。

虽然多旋翼无人机的姿态控制比较容易，但是与固定翼无人机相比，多旋翼无人机不具有姿态“静稳定性”。也就是说，多旋翼无人机在不控制的情况下，不能实现无人机姿态的自主稳定。

多旋翼无人机的水平运动，不需要像无人直升机通过旋翼变距和自动倾斜器来实现前飞或侧飞运动，只要通过无人机前进方向前后旋翼的转速“差动”，可以使机身在前进方向产生倾斜，依靠倾斜无人机的合拉力T在前进方向上的分量T_2，就能实现在该方向上的“前飞”（图4-9）。

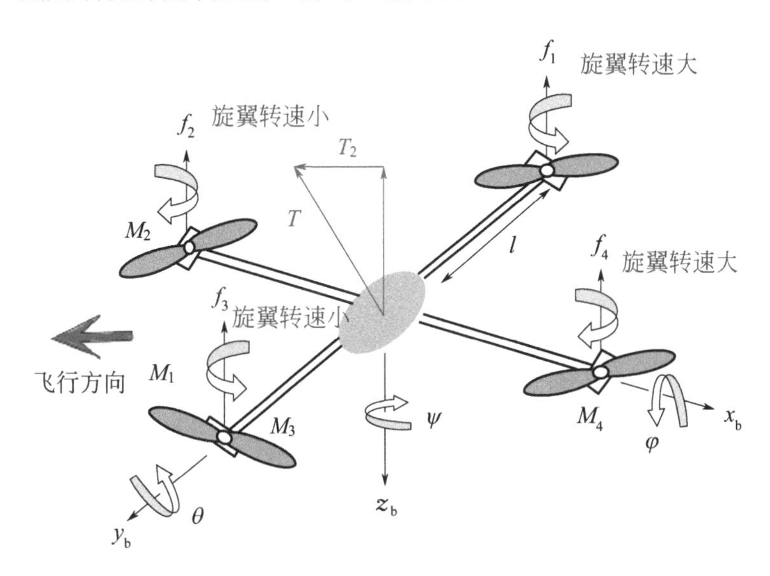

图4-9　四旋翼无人机的前飞运动原理

4.1.6　无人机的操纵机构

（1）无人机的操纵舵机

这里所指的无人机的操纵舵机，就是能操纵固定翼无人机的升降舵、方向舵和副翼的作动舵机。所谓“舵机”，就是驱动舵面的伺服机构，以便控制系统操纵舵面偏转所需要的角度。

大型固定翼无人机通常采用液压作动筒（图4-10）作为驱动舵面的助力器。

图4-10　一种电液作动的飞机舵面伺服机构

小型固定翼无人机通常采用小型电动舵机。电动舵机通常由直流电动机、减速机构、角度传感器、舵机电路板和输出轴等组成（图4-11）。其中，减速机构常用减速齿轮组或涡轮蜗杆机构。

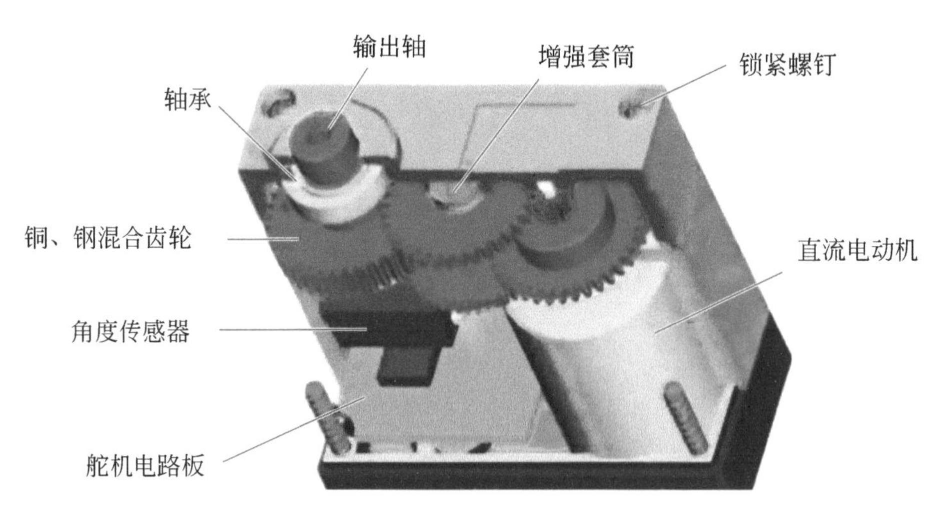

图4-11　无人机电动舵机典型结构组成

由于电动舵机（图4-12）结构紧凑，控制精确，被越来越多的中小型固定翼无人机所采用。

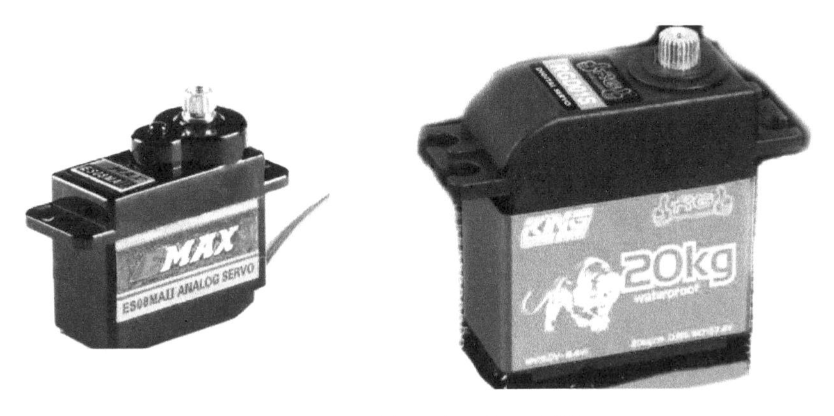

图4-12　无人机用的两种电动舵机

（2）无人直升机的自动倾斜器

无人直升机的自动倾斜器一般由类似轴承的旋转（外）环和不旋转（内）环组成。不旋转环通过操纵拉杆与驾驶舱中的驾驶杆和总距杆相连，旋转环通过变距拉杆与桨叶相连（图4-13）。通过变距拉杆的作用，桨叶将绕桨轴扭转，即改变“桨距”（桨叶与相对气流的夹角），从而改变桨叶的拉力。

无人直升机要改变机体姿态或实现前飞，就是靠旋翼“周期变距”来实现旋翼轴向期望的前飞方向倾转。

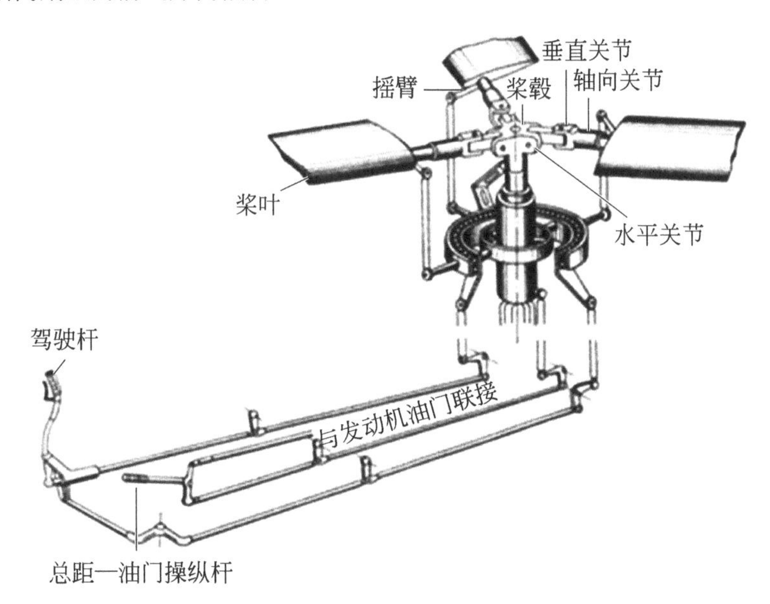

图4-13　直升机自动倾斜器结构示意图

4.2 无人机的飞行控制与导航技术

4.2.1 无人机控制结构与传感器

(1)无人机飞行控制系统结构

无人机要能自主控制飞行与导航，就必须知道无人机本身的状态，包括姿态、速度、所处的空间位置与环境，因此飞行控制与导航系统就需要一系列的传感器来获得前述信息，最后由计算机（微型飞控系统通常用“微处理器芯片”）经过复杂的软件分析计算和处理，通过对舵机和动力系统的控制，实现无人机自主飞行与导航（图4-14）。

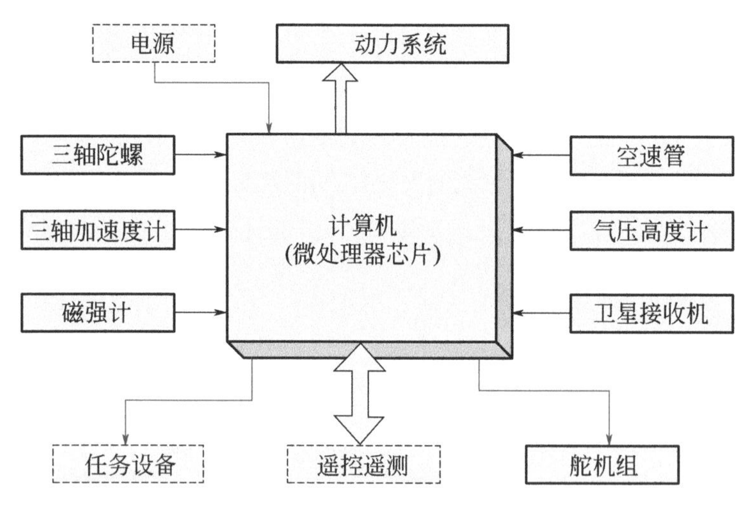

图4-14 无人机飞行控制与导航系统结构

(2)飞行控制传感器

飞行控制所需传感器，通常包括惯性传感器（陀螺仪和加速度计）、地磁传感器、气压传感器（高度计、空速计）和卫星导航接收机。鉴于中小型无人机对减重和系统体积的严酷要求，飞行控制传感器都采用微机电系统（MEMS）元器件。为此，这里仅介绍微型传感器。

① 惯性传感器。MEMS惯性传感器体积小、抗冲击、可靠性高、成本低，是一类非常适于中小型无人机构建捷联式惯性导航系统的微型惯性传感器。

a.微型陀螺仪。

陀螺仪是测量无人机运动角速度的传感器。MEMS陀螺仪通过使用旋转平台的谐振质量组件，利用哥氏效应来测量角速度。MEMS陀螺仪敏感角速度的原理示意图如图4-15所示，当质量块沿坐标系x轴方向进行振动时，平台以角速度ω旋转，由于哥氏效应，质量块P在旋转坐标系的y轴产生哥氏力，这个哥氏力与角速度ω成正比，并会引起质量块在y方向的位移，测量该位移即可计算得到输入角速度ω。

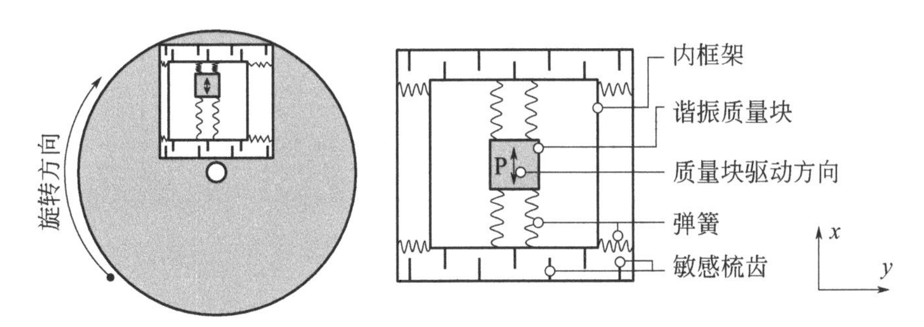

图4-15　MEMS陀螺仪敏感角速度的原理示意图

硅基MEMS通常是利用光刻、刻蚀形成一定的图形，然后淀积作为机械结构的材料并光刻出所需要的图形，再将支撑结构层的牺牲层材料腐蚀掉，这样就形成了悬浮的可动的微机械结构部件。最后，进行组装和封装（图4-16）。

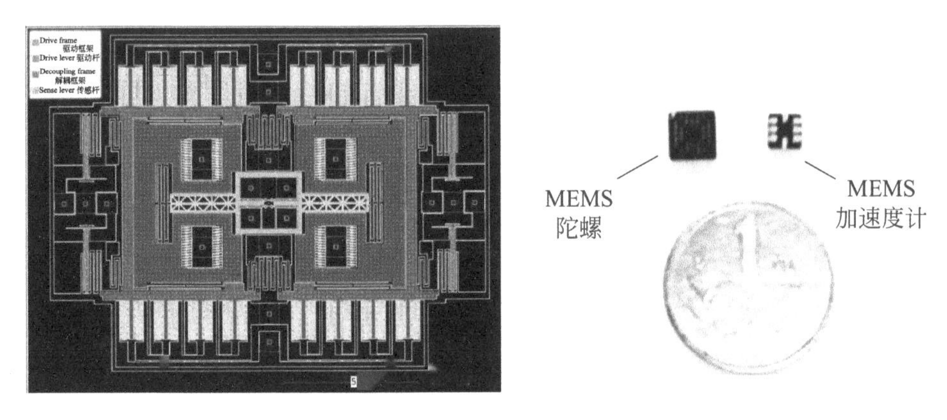

图4-16　MEMS陀螺内部结构和封装

b.微型加速度计。

加速度计是测量无人机运动加速度的传感器。微型加速度计（图4-17）是

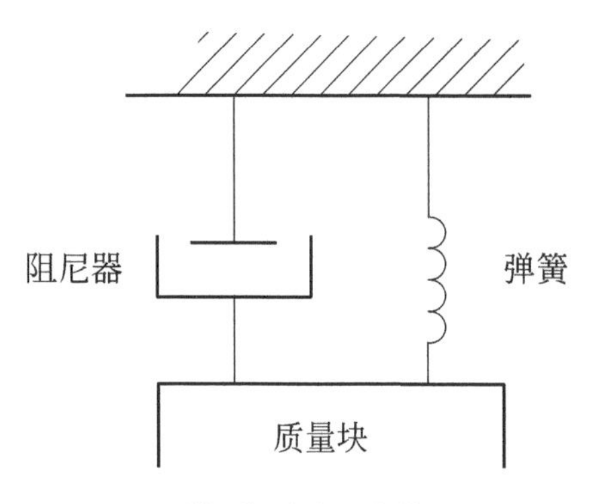

图4-17　微型加速度计的模型示意图

图4-18　一种微型惯性测量单元

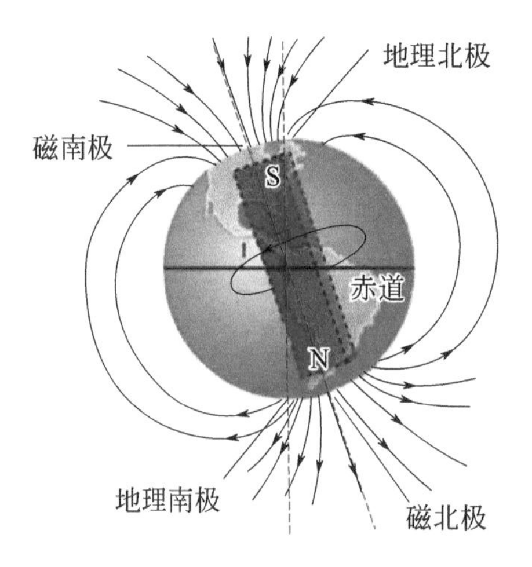

图4-19　地球磁场示意图

图4-20　一种三轴磁强计芯片及其电路板

由振动质量块和支撑弹性横梁组成，系统的加速度是依靠振动质量在振动环境中的惯性力来测量的。MEMS微型加速度计同样由硅基材料光刻、刻蚀而成。

MEMS加速度计可以单独制造。目前已有将三轴陀螺仪和一个三轴加速度计集成制造为一个芯片，重量有的仅为0.156克，通常称之为“惯性测量单元(IMU)”（图4-18）。

② 微型磁强计。

地球磁场是一个空间矢量场（图4-19）。地球附近任一点的磁场特性（方向和大小）由三个要素确定：一种方法是取垂直分量Z、水平分量H和磁偏角D（水平分量的方向与地理北之间的夹角）；另一种办法是取该点的磁场强度F，以及它对水平面的倾角I和磁偏角D。

磁强计是测量地磁感应强度的传感器。三轴磁强计（图4-20）可以测出地磁场矢量在仪表坐标系中的三个分量。三轴磁强计作为无人机航向和空间绝对姿态估计的重要传感器，其测量精度直接影响导航的精度。根据小磁针在磁场作用下能产生偏转或振动的原理，从电磁感应定律可以推出，对于给定的电阻R的闭合回路来说，只要测出流过此回路的电荷q，就可以知道此回路内磁通量的变化。这也就是磁强计的设计原理。磁阻式和霍尔效应式磁强计是使用半导体工艺加工而成的，因其体积小、价格低廉、可靠性高，而占据着无人机应用市场。

③ 微型气压高度计。

无人机飞行高度是指无人机在空中距地面的垂直距离。微型气压高度计测量的是标准气压高度，即无人机从空中到标准气压平面(即大气压力等于760毫米汞柱的气压面)的垂直距离。由于大气压与海拔高度有一一对应关系，因此，测出无人机飞行高度处的大气静压，就能获得无人机相对于标准海平面的高度。

微型气压高度计（图4-21）的基本工作原理就是利用真空膜盒感受大气压力变化来表示飞行高度变化。

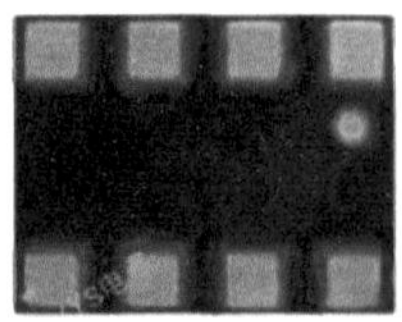

图4-21　微型气压高度计

④ 微型气压空速计。

微型气压空速计测量的是无人机的“真空速”，即真实空速，表示无人机相对于周围空气运动的速度。

微型气压空速计是通过测量无人机飞行中的总压和静压计算出来的（图4-22）。无人机运动时，在正对气流运动的方向上，气流完全受阻，速度降低到零。此处的气流压力叫总压，又称全压。气流未被扰动处的压力为大气压力，叫作静压。总压和静压之差为动压：

$$q=\frac{\rho}{2}V_A^2$$

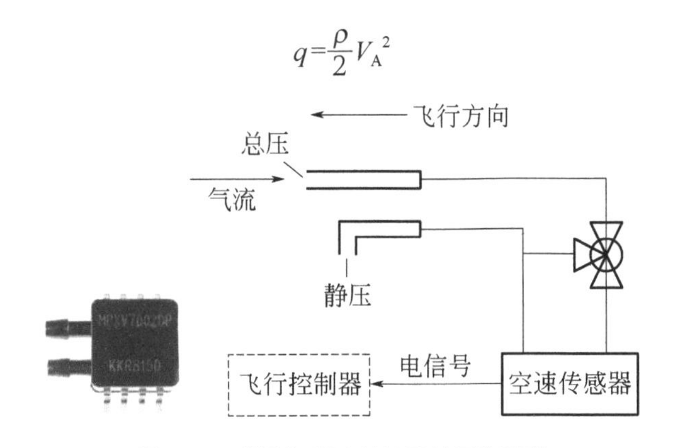

图4-22　微型气压空速计及其工作原理

因此，就可以算出无人机指示空速：

$$V_A=\sqrt{\frac{2q}{\rho}}$$

这就是微型气压空速计的工作原理。

⑤ 微型卫星导航接收机。

目前成熟的卫星导航系统有：美国的GPS全球定位系统、俄罗斯的GNSS全球卫星导航系统和中国的北斗（BD）全球卫星导航系统。卫星导航系统包括：空间导航卫星系列、地面主控站和飞行器（或地面）卫星导航接收机。

接收机的时钟与卫星导航系统所用时钟的时间差是一个定值，假设为Δt，那么卫星与接收机的距离（伪距）则为：

$$R=\sqrt{(x_1-x)^2+(y_1-y)^2+(z_1-z)^2}+\Delta tc$$

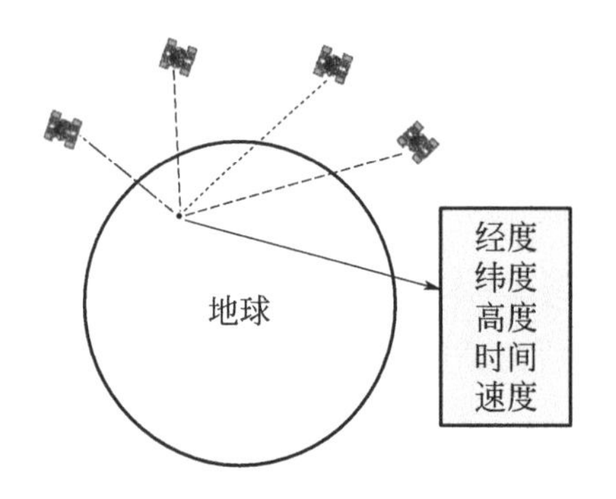

图4-23 卫星导航系统定位的基本原理

式中，c是电波传播速度（光速）；Δt是个未知数。只要接收机能测出距四颗卫星的伪距，便有四个这样的方程，把它们联立起来，便可以解出四个未知量x、y、z和Δt，即能求出接收机的位置并告诉它准确的时间（图4-23）。

北斗/GPS卫星导航接收机如图4-24所示。

图4-24 北斗/GPS卫星导航接收机（天线与主板集成）

为了提高卫星导航精度，目前常采用差分卫星导航方法，如位置差分（图4-25）、伪距差分和载波相位差分技术（RTK）。其中，RTK是建立在实时处理两个测站的载波相位基础上，可获得厘米级的高精度。

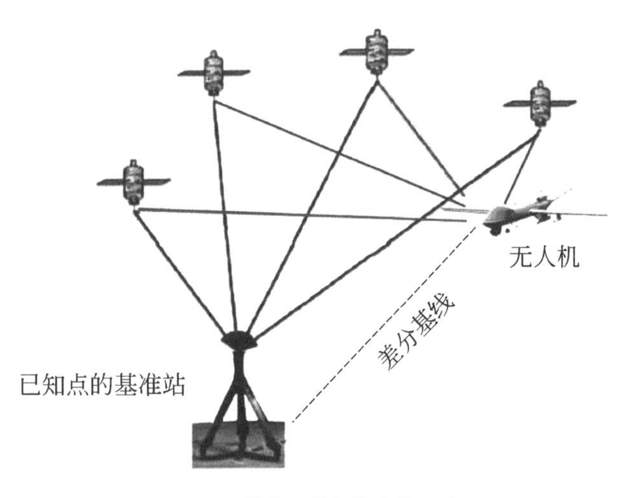

图4-25　差分卫星导航定位示意图

4.2.2　无人机飞行的遥控技术

操作员实时精确控制无人机的气动舵面和发动机状态，从而改变其姿态和轨迹的过程称为无人机遥控飞行控制，简称“遥控”。遥控原来指无自主控制导航系统的航模操控技术。操作员需要实时观测无人机的姿态和位置，通过熟练操纵手持遥控器（图4-26）的相关拨杆（包括方向和拨杆量），来控制“航模”的姿态稳定和导航飞行。

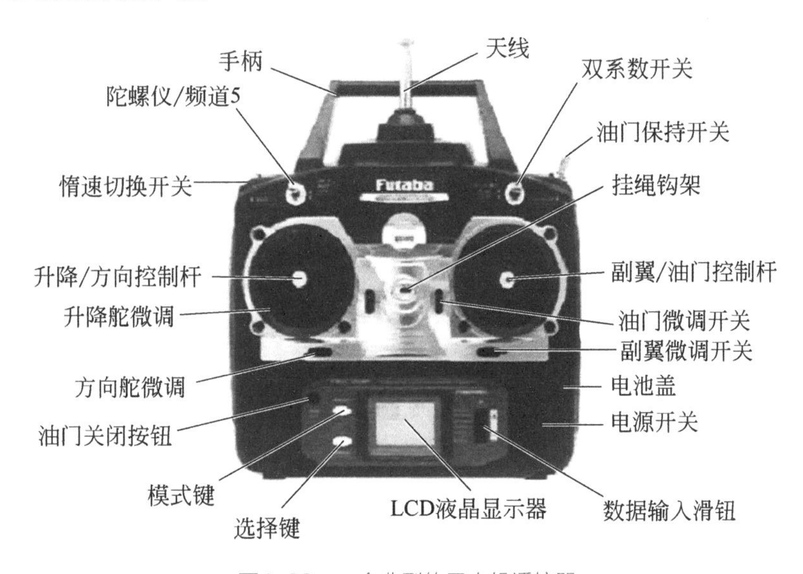

图4-26　一个典型的无人机遥控器

遥控器操作分为“美国手”方式和“日本手”方式（图4-27）。所谓的“美国手”，就是遥控器的左摇杆控制无人机的上升/下降、航向顺时针/逆时针旋转；右摇杆控制无人机的前进/后退、向左/向右水平飞行。由于早期使用这种操作模式的航模玩家主要集中在美国，因此被称为“美国手”。所谓的“日本手”，就是遥控器的左摇杆控制无人机的前进/后退飞行、航向顺时针/逆时针旋转；右摇杆控制无人机的上升/下降、向左/向右飞行。国内早期多使用“日本手”方式，目前国内使用“美国手”方式逐渐增多。

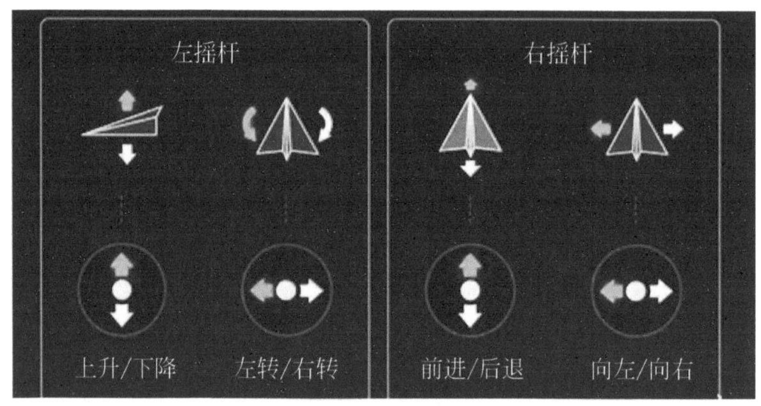

(a)“美国手”遥控操作方式

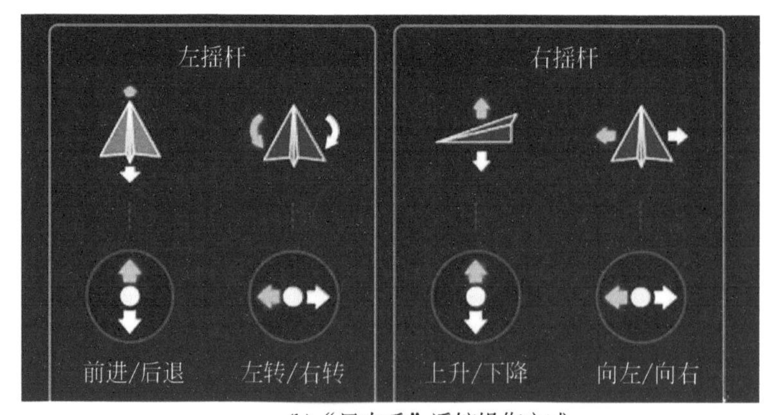

(b)“日本手”遥控操作方式

图4-27　无人机遥控操作方式

无人机飞行无论遥控（图4-28）或自主控制，都装有姿态和导航自主控制系统。因此，遥控飞行有两种模式：遥控模式，指自动驾驶仪不参与工作的单纯人

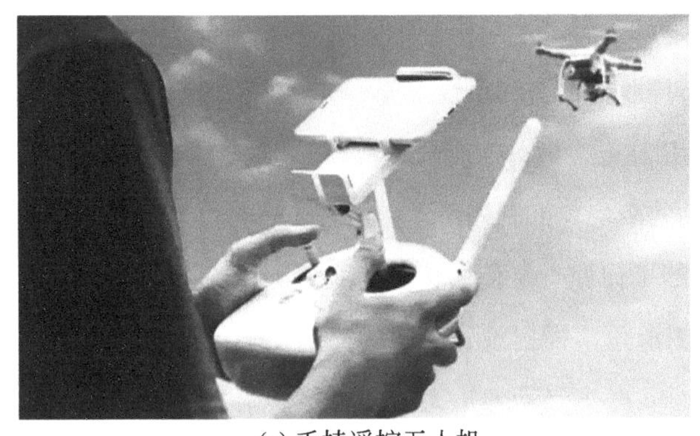
(a) 手持遥控无人机

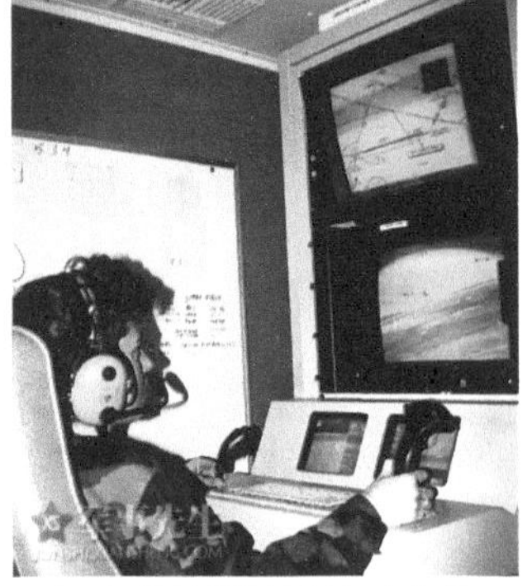
(b) 车载地面站遥控无人机

图4-28　地面人员遥控无人机执行任务

员操控形式；半自主模式，指自动驾驶仪参与工作，可实现无人机的姿态稳定，操作人员遥控无人机做位置移动和导航飞行。无人机遥控通常用于无人机测试、无人机起飞、着陆和应急处理。遥控也有用于无人机临时改变航迹、实时传输任务设备的执行指令等，通常超视距遥控由操作人员通过地面站设备实施。

超视距遥控，操作员需要实时观测传感器传回的信息以监控无人机并控制其机动，其中通信链路的可靠和畅通是关键。遥控信号包括上传指令和下传信号。位于地面站的操作人员通过遥控发射机向无人机发送无线电波，下达指挥命令；机载遥控接收机接收命令，并将其转为操纵指令操纵舵面或机上任务载荷设备（如侦察设备或攻击设备）。遥测是指将对象参量的近距离测量值传输至远距离的测量站来实现远距离测量的技术，传感器测出被测对象的某些参数转变为信号，传递到远处的遥测终端，进行记录、处理及显示。遥测系统可以测得无人机飞行姿态和机上各系统的工作情况。远程无人机遥控技术，有的需要通过卫星通信传递地面遥控指令。

4.2.3　无人机飞行的姿态控制技术

相对有人驾驶飞机，无人机体积较小、重量较轻，在空中气流的干扰下，姿态固有稳定性小。为此，飞行控制系统首先考虑无人机的姿态控制。

（1）姿态增稳控制

稳定性是飞行控制系统要达到的最基本的、也是最重要的特性。只有在无人机能够按照基准运动的规律运动时，才能控制无人机由遥控状态进入自动驾驶状态。对无人机稳定性进行控制的设备和系统主要有阻尼器和增稳系统。

① 阻尼器。阻尼器通过引入无人机角速度的负反馈，可稳定无人机的角速度，这相当于增大无人机运动的阻尼，抑制振荡，增加无人机的稳定性。

② 增稳系统。增稳系统的工作原理是使用传感器装置测量无人机绕其机体轴的角运动速率、俯仰角和侧滑角，根据预先设计的控制律解算出舵面运动的指令，驱动无人机气动控制面，产生气动力矩为无人机提供附加的运动阻尼和稳定性。

（2）姿态控制

姿态控制是无人机飞行控制系统的核心，是实现其他复杂功能的前提和基础。

无人机机体轴姿态控制采用姿态角和姿态角速率双反馈形成闭环控制，无人机的任何机动动作都是通过调节姿态来实现，姿态控制一般被称为无人机飞行的“内核”。

姿态控制器的作用主要是对无人机不同模式下的飞行姿态进行相对应的控制。其中，手动模式主要是通过遥控器杆量的输入实现对无人机姿态的控制，增稳模式则计算到了滚转角、俯仰角以及偏航角的误差并与遥控器输入融合计算实现对于姿态的控制；自动模式下的姿态控制则主要依靠俯仰控制、滚转控制、航向控制实现并形成最终的姿态控制器。姿态控制器示意图如图4-29所示。

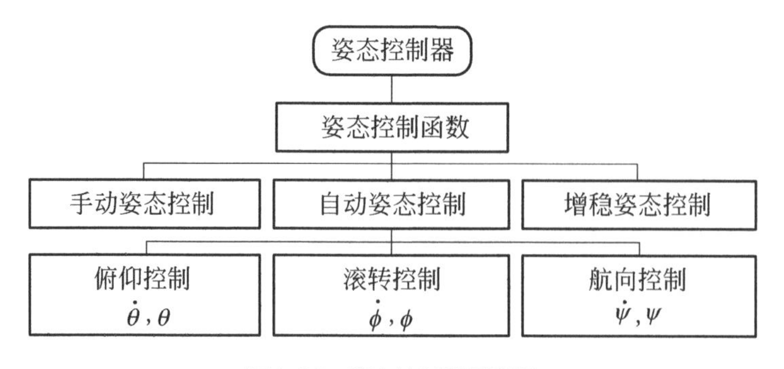

图4-29　姿态控制器示意图

（3）高度控制

保持飞行高度稳定是无人机巡航或悬停飞行控制的另一基础。飞行高度稳定控制与姿态控制是相互关联的，包括三轴姿态角速率、姿态角和垂直加速度的控制。在飞行高度的稳定与控制系统中需要直接测量飞行高度，使用高度差传感器，如气压高度仪或卫星导航接收机，根据高度差的信息来直接控制微型无人机的飞行姿态，从而改变航迹倾角，以实现对飞行高度的闭环稳定与控制（图4-30）。

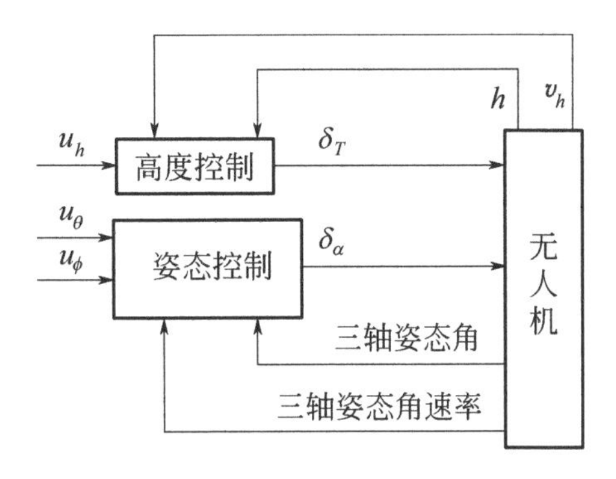

图4-30　飞行控制系统等高模式控制框图

（4）旋翼无人机的定点悬停控制

定点悬停是无人直升机和多旋翼无人机的重要功能要求。定点悬停模式与定高模式的主要区别在于控制中增加了水平位置的控制。

① 水平位置的控制。

悬停的控制思想是将姿态控制作为飞行控制系统的内环，将水平方向位置控制作为飞行控制系统的外环。即将水平方向位置控制律运算的输出作为姿态控制的输入，通过改变无人机的姿态来实现水平方向的位移。水平位置控制框图如图4-31所示。

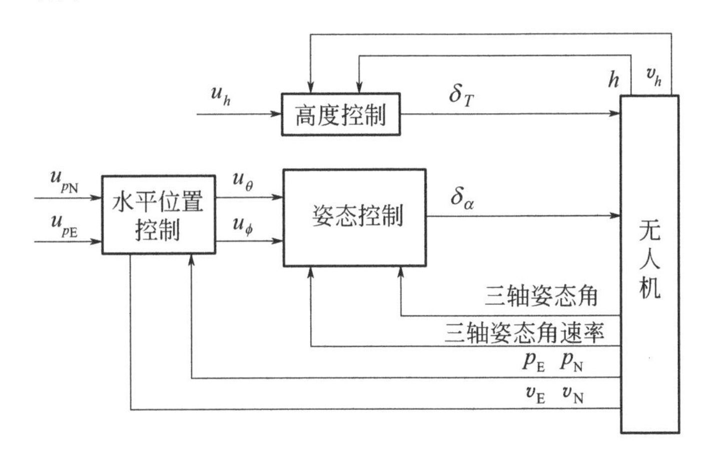

图4-31　飞行控制系统定点悬停水平位置控制框图

图4-32给出了定点悬停水平位置控制过程，将水平位移作为姿态控制的外

环输入，通过陀螺仪反馈姿态角，经过姿态角和位移反复控制，同时考虑高度控制，最终实现定点悬停。

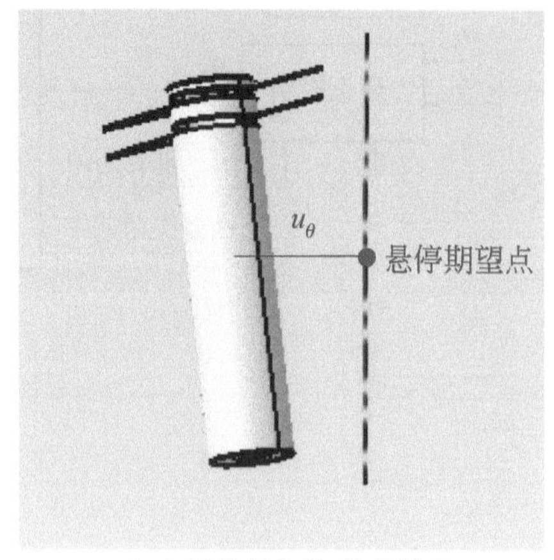

(a) 水平偏离位移(外环输入)

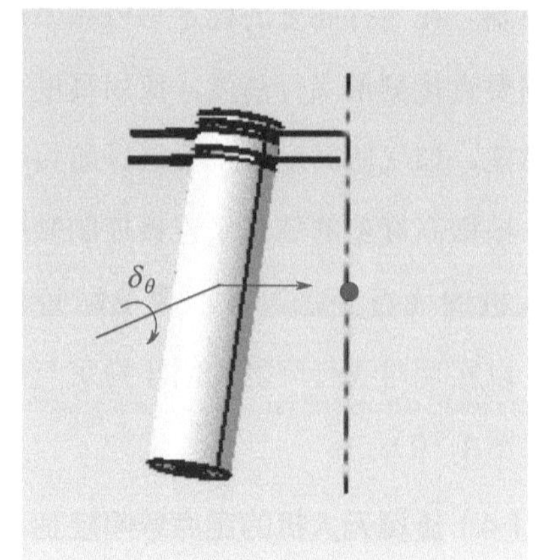

(b) 姿态角控制(内环控制)

图4-32　飞行控制系统定点悬停水平位置控制过程示意图

② 水平方向的控制。

水平位置的控制不但有相对于悬停点的距离控制，还有偏离的方向控制。因此，综合控制除了三轴陀螺（控制姿态角速率）、三轴加速度计（控制位移加速度）、气压高度计（控制气压高度），还需要三轴磁强计（控制方向）的控制加入，最后通过姿态控制、水平位置与水平方向的内外环综合控制来实现定点悬停。

4.2.4　无人机的自主导航控制技术

（1）飞行速度控制

飞行速度的控制是无人机自主导航控制的基础。速度控制系统可保证无人机在低动压状态平飞，并具有速度稳定性。

首先无人机飞行速度的测量是依靠空速计测量得到的，也有利用卫星导航接收机时间差分计算获得飞行速度。飞行速度的控制主要是对“油门”的控制。对于电动机驱动螺旋桨，主要控制电动机转速，继而控制螺旋桨转速产生不同拉力以控制飞行速度。目前，技术成熟的电子调速器可以精确控制无刷电动机的转速。对于活塞式发动机，可通过控制“油门”来控制发动机的输出转速。对喷气推力发动机，也有专门的推力控制系统。螺旋桨（旋翼）与发动机（包括电动机）的匹配需要进行大量实验测试（图4-33）。

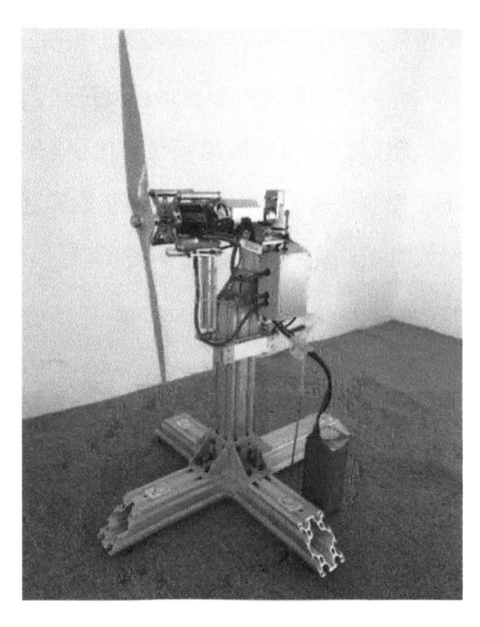

图4-33　螺旋桨拉力与电动机匹配测试台

飞行速度控制有闭环控制和开环控制两种。闭环控制是指：“油门”指令为输入，螺旋桨转速为输出，需要控制螺旋桨实际转速与期望转速之间差为最小参数化。开环控制是指：鉴于“油门”大小与螺旋桨转速大小成比例，可通过控制分配来获得期望的螺旋桨转速。

（2）航迹控制

无人机的自主导航包括传感器融合控制、航迹规划和航迹控制。其中，传感器融合控制系统用来确定无人机当前位置、无人机状态及前方的地理/地形数据，是航迹规划和航迹控制的基础。航迹规划系统则根据任务计划、地形数据以及飞行的机动能力规划三维最优航迹，作为基准航迹提供给航迹控制系统。航迹控制系统则根据基准航迹对无人机控制系统提出相关的体轴指令完成对无人机的整体控制。要实现按地面站规划的航迹自主导航，需要按如图4-34

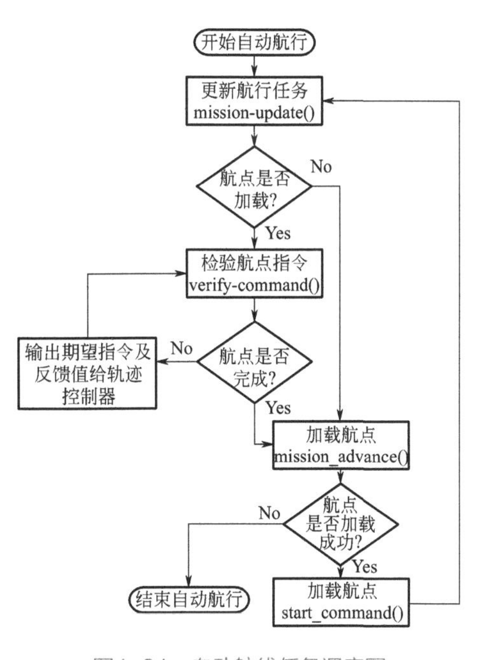

图4-34　自动航线任务调度图

所示任务调度图进行自动航线调度控制。

无人机的航迹控制包括高度控制、航向控制和横向控制。

航向控制将偏航角和滚转角姿态回路作为其内回路，通过倾斜转弯方式修正和控制侧向偏离，航向通道和滚转通道的协调控制与侧向角运动的控制类似。无人机航线规划地图如图4-35所示。

图4-35 无人机航线规划地图

横向控制（侧偏控制）是将无人机的经纬度信息与预定航路对比解算得到侧偏距，将它作为反馈信号送入滚转角姿态回路中。

无人机的轨迹控制主要包含航迹自动规划和航迹最佳跟踪控制等。首先判断规划的各段航线类型；根据不同的航线类型，计算转弯倾斜角、期望航向角、爬升角、侧向速度、侧偏距和期望高度。

（3）组合导航

由于常规卫星导航模块定位误差较大，需通过卫星导航在地面站上预先规划航点。若单纯用常规卫星导航模块控制导航，无法实现无人机飞行轨迹的稳定、可靠控制。所以，通常无人机都采用组合导航的模式。

① 惯性导航系统。

惯性导航的原理基于牛顿力学定律，惯性传感元件中的加速度计用来测量无人机相对于惯性空间的轴向运动加速度，陀螺仪测量姿态角速度。导航计算机对加速度和角速度信息进行积分运算，得到其速度、姿态、位置等信息。

无人机通常采用捷联式惯导方式。捷联式惯导系统（图4-36）是将惯性测量元件直接安装在载体上，惯性元件输出的就是载体相对于惯性空间的加速度和角速度，由计算机将载体坐标系下惯性元件的输出转换到导航坐标系下进行导航计算，得到载体的姿态、速度和位置。

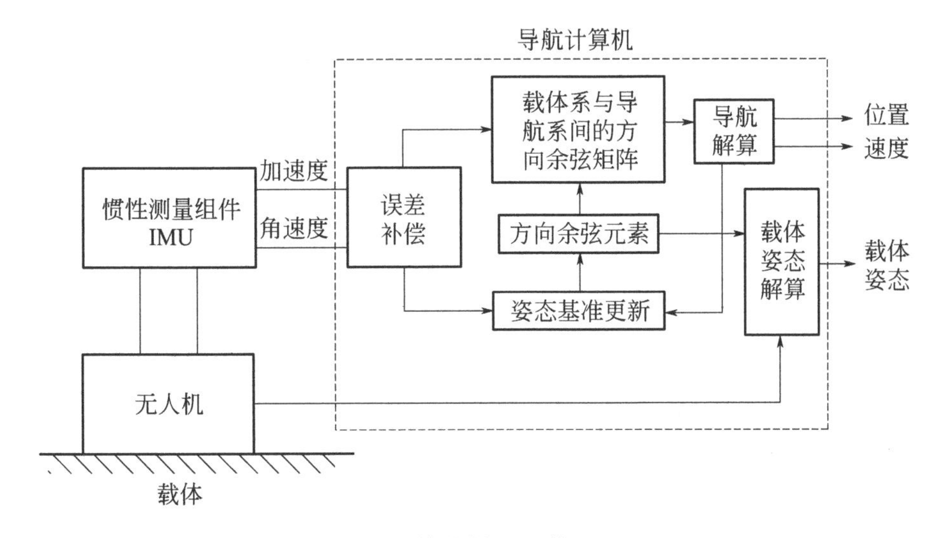

图4-36　捷联式惯导系统原理图

惯性导航系统不依赖外界信息，也不向外界辐射能量，因此不受地形、气象等外界条件的影响，抗干扰性好、隐蔽性强，具备全天候工作能力，数据更新率高。但是，陀螺仪和加速度计作为运载体运动的测量器件，随着飞行时间的漂移和刻度系数误差积累，会产生较大的导航误差。

② 组合导航系统。

卫星导航系统具有全球性、全天候、连续精密导航与定位能力，导航精度无时间累积误差，实时性好的优点。但是卫星导航系统易受电磁干扰，无人机的机动会影响接收机的工作性能。

因此，无人机通常以全球卫星定位系统GPS/BD和惯性导航系统INS为核心，以磁航向、气压高度表辅助导航，实现组合导航（图4-37）。通常用卡尔曼滤波器进行卫星传感器、惯性传感器、磁传感器和气压传感器信息的融合。

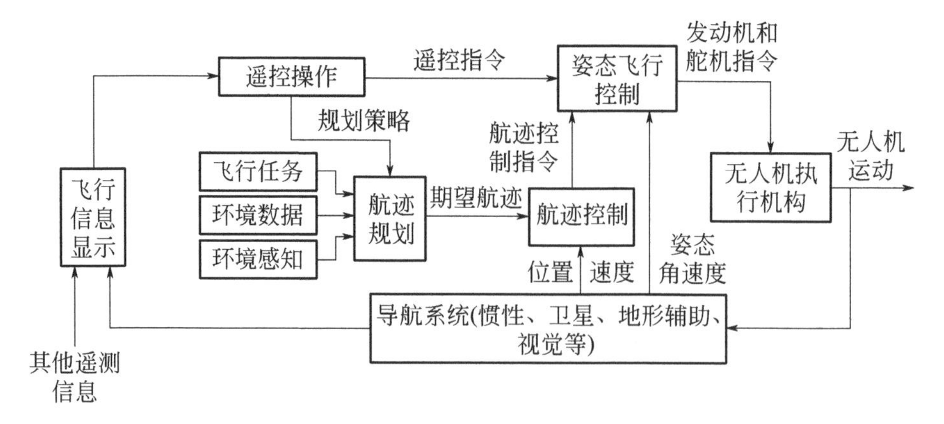

图4-37 组合导航系统原理图

4.3 无人机系统的通信技术

4.3.1 无人机系统的数据链

数据链是无人机与外部设备联系及执行各种任务的纽带，它的主要任务是将地面的遥测信号发送给无人机，同时将无人机飞行参数传感器得到的遥测信息和机载任务传感器获取的任务信息传输到地面站（图4-38）。无人机通信系统是一个多模式的智能数据链，它能够感知其工作区域的电磁环境特征，并根据环境特征和通信要求，实时动态地调整通信系统工作参数（包括通信协议、工

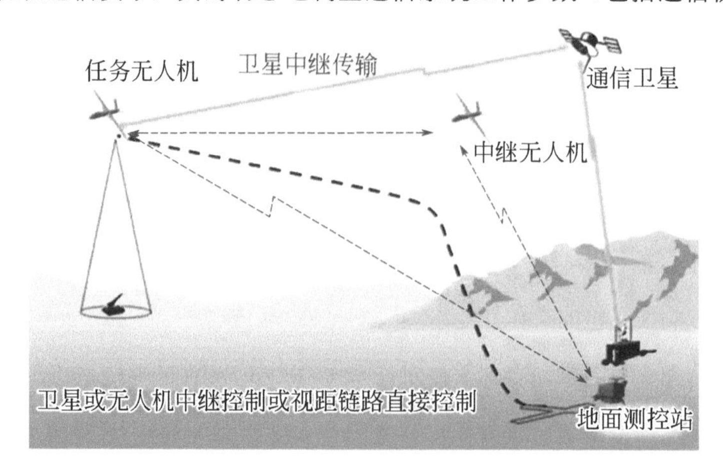

图4-38 无人机系统的数据链

作频率、调制特性和网络结构等），以达到可靠通信或节省通信资源的目的。

无人机数据链从传输方向来说，有："上行链路"，即完成地面站到无人机遥控指令的发送和无人机接收；"下行链路"，即主要完成无人机到地面站的遥测数据以及机载任务设备传感信息（如图像）的发送和地面站接收。无人机数据链从传输对象来说，有："点对点数据链"，通常是在两架指定无人机之间、或在无人机与地面站之间、或在无人机与中继站之间建立的数据链；"网络数据链"，通常指组网的集群无人机彼此之间组成的网络数据链。

4.3.2 无人机机载信息传输技术

通常无人机数据链系统由两部分组成：一部分装在无人机上，称为机载测控设备；另一部分装在地面测控站上。无人机上的数据链系统主要负责目标、环境和协同这三个方面信息的传递和交换。随着无人机活动范围的扩大，无人机通信的需求已经超出了视距范围，对传输数据量的要求也逐步提高。特别是对于机载信息传输系统，当传输视频图像、探测信号等数据时，需要能支持大数据量传输的宽带通信链路。

无人机机载信息传输系统（图4-39）通常有接收端和发射端。接收端设备

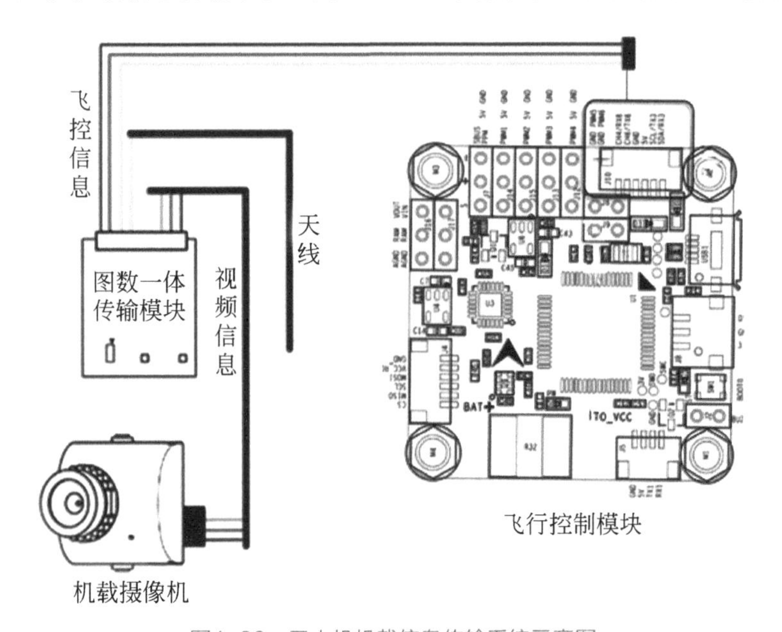

图4-39　无人机机载信息传输系统示意图

包括转换器、接收机、主载波解调器和分路设备。接收端中的转换器用来将电磁波信号转换为电信号，并发送给接收机。发射端通常包括主载波调制器、发射机和转换器。无人机数据链往往需要传输多路信号（如视频与飞控遥测信息），可采用多级调制的方式。

4.3.3 无人机地面站

无人机地面控制站（简称地面站）是专业无人机系统不可缺少的部分，也是地面操作人员与空中无人机平台及其任务设备交互的关键部件。大型无人机系统通常还具有地面指挥控制中心。

通常，无人机系统的地面测控站具有以下相关功能（图4-40）。

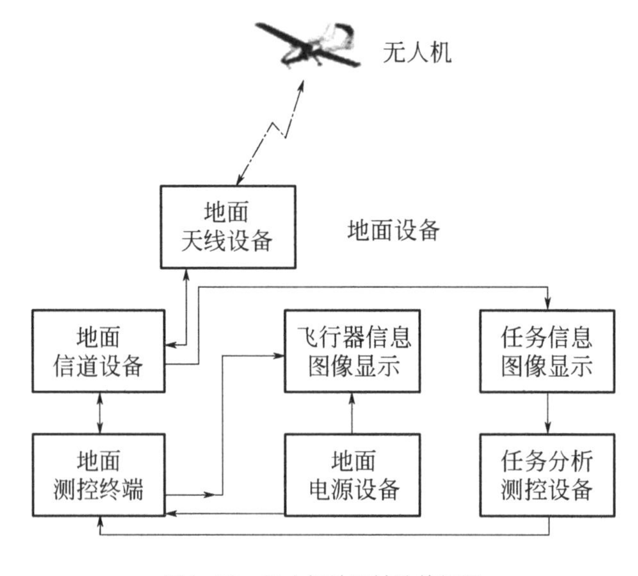

图4-40 无人机地面站功能框图

① 实时发送对无人机空中平台遥控指令。如地面人员对无人机飞行的遥控操作，包括手动遥控和地面站屏点控制。

② 实时接收由无人机传回的飞行状态遥测数据。由无线数据链路获得无人机机载传感器实时的无人机状态信息，包括传感器信号、无人机姿态和飞行轨迹、无人机能源动力以及飞行环境等参数。

③ 规划无人机的任务和航线。地面站具有储存、提取和显示任务区域的地

图功能。主要包括计划任务区域范围、预定目标位置、预设无人机的飞行路线及沿线高度、预设执行特殊任务的时刻与地点，并在地面站上绘制和显示预设无人机的航迹和相关任务指令信息。

④ 显示和监控无人机的任务执行情况。地面站具有对无人机传回的有效任务载荷数据（机载摄像视频）显示功能。地面站还应具有根据任务要求实现对无人机机载任务设备的控制能力，如摄像角度和光学变焦。地面站通过监管，实现对任务视频图像下传数据的实时显示、处理与记录。

⑤ 对无人机的导航控制。通常无人机较远距离的飞行由地面站规划的路线自主导航控制。地面站通过无线数据链路与无人机空中平台之间的信息联系，显示具有地图背景的、实时绘制的无人机航迹，监控无人机按照预定规划的路线安全飞行。地面人员在遇到特殊情况时，可以通过地面站对无人机实施临时人工干预导航控制，使无人机安全飞行或紧急返航。

⑥ 对无人机执行任务的目标定位。地面站根据无人机发回地面的平面位置等数据信息和视频图像，对侦察的目标，通过地面人员点击，自动计算出目标的位置，并在地面站上显示、记录存储目标的图像和地理数据。

⑦ 地面站的存储功能。通常无人机地面站应具有对遥控、遥测数据实时存储的功能，具有数据回放功能。有的还具有通过网络向指挥部门发送数据与文件功能，以及远程指挥调度能力，有的地面站还具有一站多机控制和监视等功能。

大中型无人机的地面站通常有专门的指挥车（图4-41），有的另有无人机保障车。小型无人机系统通常设置有便携式的地面站（图4-42）。这种箱式地面站的显示终端有单屏（无人机信息与传回的图像信息同屏显示）和双屏（无人机

图4-41　大型无人机系统的地面指挥车

信息与传回的图像信息分屏显示）。除地面站有遥控按钮外，有的配有专门的手持遥控器，便于操控人员遥控操作。有的还设置为手持型地面站（图4-43），主要适用于单兵操作。

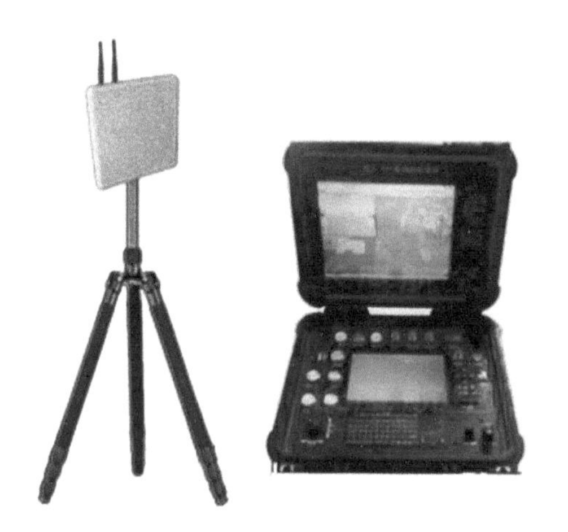

图4-42　无人机系统的箱式地面站

图4-43　无人机系统的手持地面站

第5章

无人机系统的任务载荷和传感器

无人机在空中运行时是为了执行一定的任务，因此无人机系统除了飞行器平台，还需要安装一定的任务载荷设备。无人机的任务载荷设备与有人驾驶飞行器及地面装置的任务载荷设备的区别是：重量要轻，体积要小，并且应具有非人员直接操作的自动控制、自动执行任务和自动存储信息的功能。通常，无人机系统都具有获取地面图像的摄像装置基本功能，另外、根据使用用途还需要装备特殊的工业、农业、安全和军事任务设备。

5.1 无人机系统摄像装置

5.1.1 可见光摄像装置

可见光摄像装置是航拍消费无人机、地理测绘无人机和侦察无人机最基本的任务载荷。可见光摄像装置也是目前航拍清晰度最高和最能反映环境真实景象的装置。

摄像机通常由镜头、图像传感器、声音传感器、A/D转换器或数字转换器、控制器等部分组成（图5-1）。图像传感器有CMOS和CCD两种模式。A/D转换器模块主要针对模拟摄像机设计，其功能是将图像等模拟信号转换成数字信号。目前，基于CMOS模式和基于CCD模式的图像传感器已有直接数字输出接口的模块。输出的数字图像按一定的格式或标准进行编码压缩，便于传输和计算机处理。摄像机的图像压缩编码标准主要有MPEG4、H.264、M-JPEG等。控制器主要承担摄像机的管理和控制工作。

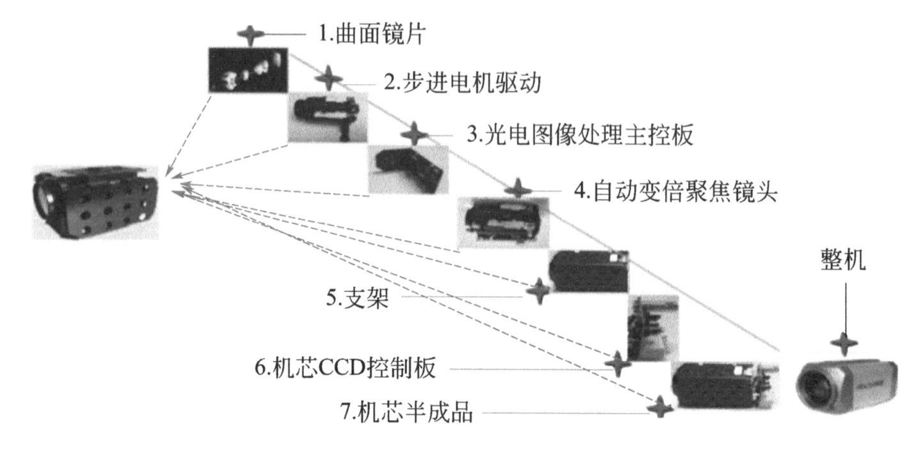

图5-1　无人机摄像机组成实例之一

无人机所用的可见光摄像机正在迅速变化和发展，以适应无人机轻量化、微型化、高质量图像等要求。早期民用无人机有直接采用市场上的通用商品摄像机集成作为侦察/航拍无人机的任务设备。市场上的通用商品摄像机结构复杂、功能繁多、重量大，并且难于实现自动控制或遥控。因此，各种针对无人机的专用摄像装置应运而生。无人机专用摄像机的研究中，一类技术发展是摄像机的尺寸和重量的微小型化，并不断提高机载摄像机的高清分辨率。目前，多数机载摄像机已达到1080p的高清水平，有的视频图像分辨率已达到3096×2080，静止图像已达到2000万像素分辨率（图5-2）。所摄取的景物清晰度与焦距有关。娱乐性的摄像机可以采用小焦距的广角镜头，图像范围广（图5-3）。但侦察摄像机通常不希望图像变形，要保证图像不变形，必须采用自动光圈电动变焦镜头。

图5-2　航拍高清图像

图5-3　航拍广角图像

无人机机载摄像机镜头与自动光圈定焦镜头相比，增加了两个微型电动机。其中，一个电动机与镜头的变焦环啮合，当其受控而转动时可改变镜头的焦距；

另一个电动机与镜头的对焦环啮合，当其受控而转动时可完成镜头的对焦。目前，无人机的电动变倍镜头有10倍、20倍、30倍等多种倍率。微型变焦摄像机的控制如图5-4所示。

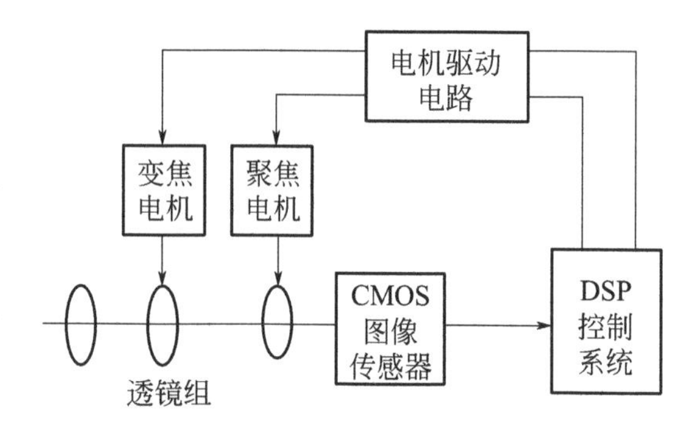

图5-4 微型变焦摄像机的控制

机载摄像机研究的另一类技术就是摄像云台（图5-5）及吊舱技术（图5-6）。云台技术的主要要求有：

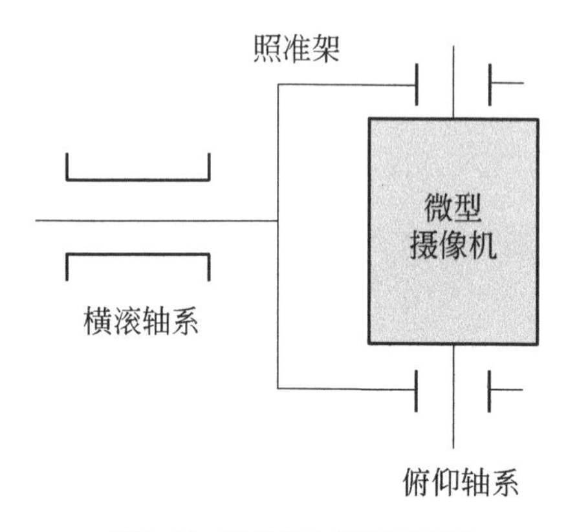

图5-5 摄像云台框架原理图

图5-6 ZSY光学30倍变焦摄像吊舱

一是如何保证飞行拍摄的稳定性和图像清晰度。拍摄精度主要是受无人机空中飞行时带来的飞行姿态改变和振动的干扰。尤其是几十倍变焦的放大视频，轻微的抖动就会引起视频图像的波动。

二是如何精确控制相机的拍摄角度。机载摄像头应具有向任意方向转动控制的功能。机载摄像云台的控制与无人机的控制有一定的相似性，既要控制相机的稳定性，又要控制云台的转动角度（图5-7）。

无人机为了能够搜寻目标或跟踪目标，就应该能够调节摄像机的角度，则需要有能控制摄像装置姿态的云台。目前，摄像云台既能控制摄像方向，也能起稳定图像作用。云台增稳方式通常包括主动式增稳和被动式增稳，其中被动式增稳是采用减震器和阻尼器隔离载体的振动，即将成像传感器系统安装在减

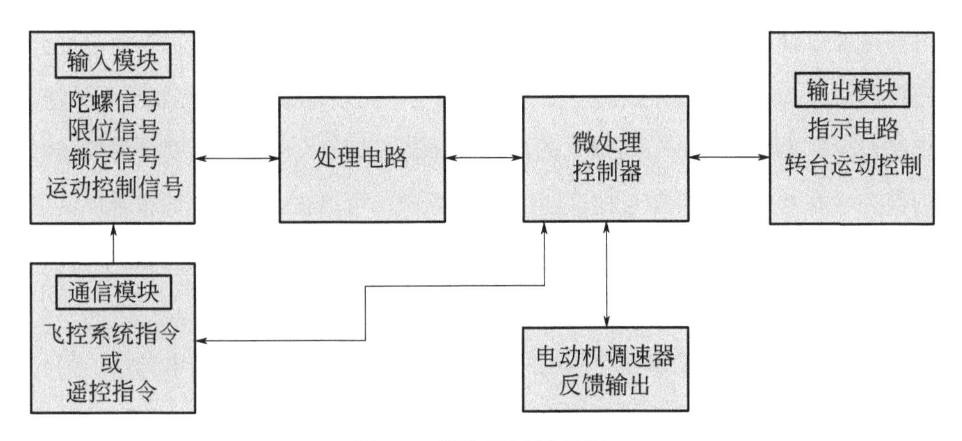

图5-7 摄像云台控制系统

震装置上，但减震装置只能隔离载体的高频低幅振动。主动式增稳控制方法是将陀螺等惯性传感器安装于台体上，在每一个轴上安装一个单自由度的陀螺，形成陀螺稳定平台。根据环架系统稳定轴的数量，可分为单轴、两轴和三轴稳定平台。目前，无人机侦察云台通常设置有两个方向（俯仰和方位）的稳定陀螺，既增加图像防抖的质量，也可以提高控制微型摄像机的精度。这类侦察云台又叫“陀螺稳定平台”。

5.1.2 红外热成像装置

（1）红外热成像仪

虽然微光摄像机能够在有一定光亮的夜晚（如月光或城市夜灯）拍摄图像，但是对于全黑的夜景就无法摄像了。而红外热成像装置是反映物体表面温度而成像的设备，因此除了夜间可以作为侦察和现场监控使用外，还可以作为有效防火报警设备。我们人眼能够感受到的可见光波长为0.38 ～ 0.78微米。通常我们将比0.78微米更长的电磁波，称为红外线。红外热图像是人眼不能直接看到的。自然界所有温度在绝对零度（－273℃）以上的物体都会发出红外线，红外线（或称热辐射）是自然界中存在最为广泛的辐射。因此，利用红外传感器测定不同目标体和背景之间的红外线差，可以得到不同的红外图像。而温度越高则红外辐射越强，因此又称为热图像。同一目标的热图像和可见光图像是不同的，它不是人眼所能看到的可见光彩色图像，而是目标表面温度分布图像。红外热成像仪就是将目标温度分布数据变成人眼可以看到的代表目标表面温度分布的热图像。红外热成像还有一个特点，大气、烟云等吸收可见光和近红外线，但是对3～5微米和8～14微米的红外线却是透明的。因此，这两个波段被称为红外线的“大气窗口”。我们利用这两个窗口，可以在完全无光的夜晚，或是在烟云密布的恶劣环境，能够清晰地观察到前方的情况。正是由于这个特点，红外热成像技术可用在安全防范的夜间监视和森林防火监控系统中。

采用红外热成像技术，探测目标物体的红外辐射，并通过光电转换、信号处理等手段，将目标物体的温度分布图像转换成视频图像的设备，称为红外热成像仪。红外热成像仪可分为致冷型和非致冷型两大类。致冷型的热灵敏度高、结构复杂，早期多用于军事用途。而非致冷型灵敏度虽低于致冷型，但非制冷型红外热成像仪性价比高于致冷型，目前发展的性能已可以满足很多军民用领域。由于非制冷型红外热成像仪不需要配备制冷装置，可开发出低功耗、高分辨率、大阵列、微型化的可变焦热成像摄像机。非制冷型红外热成像仪不用主动发射红外光，可在完全无光照环境（如深度黑夜）下拍摄较清晰的视频图像（图5-8）。

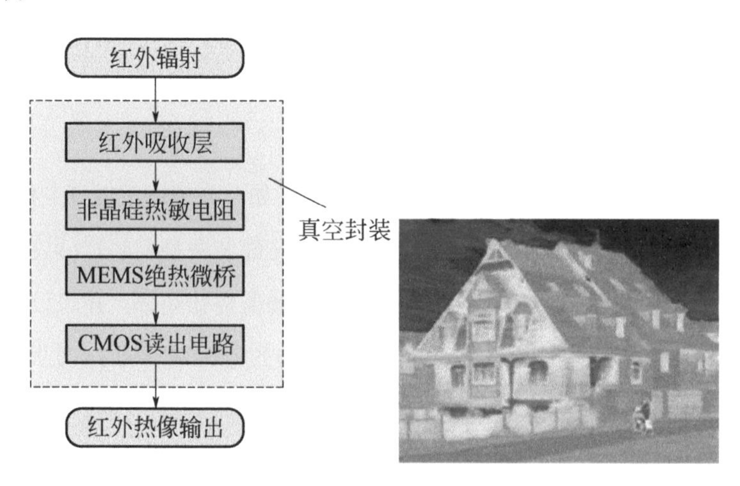

图5-8 非制冷型热成像仪设计原理及实例

红外热成像仪的组成有光学镜头、红外探测组件、电子组件、显示组件和软件等（图5-9）。目前，热成像仪的分辨率通常选用较高的640×480，能够在黑夜捕捉到空中飞行物和其他动静态背景的清晰视频信息。为了增加红外图像

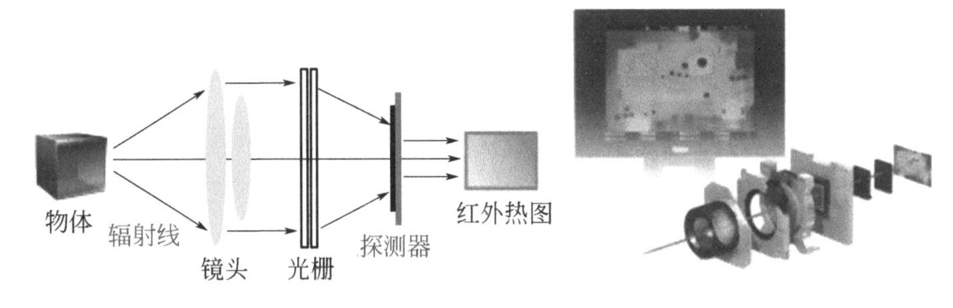

图5-9 红外热成像仪的组成

的层次和立体感，常采用一些辅助措施来增加红外热成像仪的实用功能，如图像亮度、对比度的控制，实标校正以及伪色彩描绘等。

（2）红外热成像吊舱和双光吊舱

同样，为了提高无人机使用的红外热成像仪的成像精度，机载红外热成像仪需要设计有摄像云台和吊舱。云台原理同可见光摄像云台。目前，既有单独安装红外热成像仪的单独云台吊舱（图5-10），也有将可见光摄像机与红外热成像仪安装在同一个云台上的双光吊舱（图5-11）。

图5-10 红外热成像吊舱

图5-11 红外热成像和可见光摄像双光吊舱

5.1.3 合成孔径成像雷达

如何能够在能见度极低（如雾雨天或夜晚）的气象条件下得到较高分辨的侦察图像？现有的可见光和红外光学摄像装置已不能胜任。雷达对地面或空中目标的反射信号与空间光学能见度没有关系，于是人们提出了一种利用雷达信号的合成孔径雷达（Synthetic Aperture Radar）成像技术，简称SAR雷达。合成孔径雷达就是利用雷达与目标的相对运动把尺寸较小的真实天线孔径用数据处理的方法合成一个较大的等效天线孔径的雷达，利用一个小天线沿着长线阵的轨迹等速移动并辐射相干信号，把在不同位置接收的回波进行相干处理，从而获得类似于光学成像的较高分辨率的雷达成像（图5-12）。

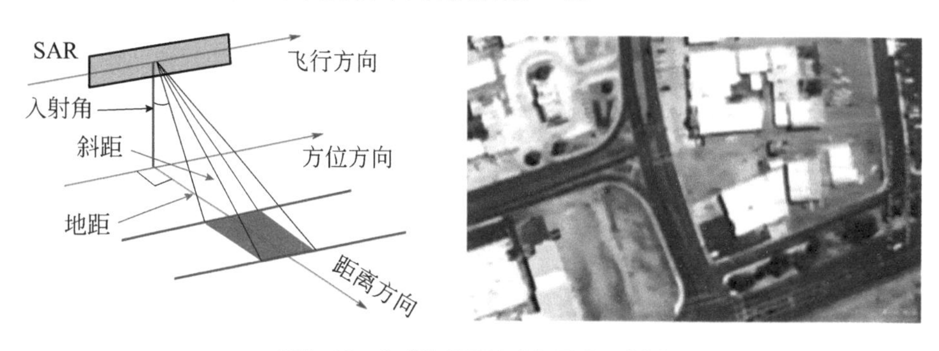

图5-12　合成孔径雷达成像原理及实例

合成孔径雷达可分为聚焦型和非聚焦型两类。合成孔径雷达（图5-13）工作时按一定的重复频率发、收脉冲，真实天线依次占一虚构线阵天线单元位置。把这些单元天线接收信号的振幅与相对发射信号的相位叠加起来，便合成一个等效合成孔径天线的接收信号。若直接把各单元信号矢量相加，则得到非聚焦合成孔径天线信号；若在信号相加之前进行相位校正，使各单元信号同相相加，则得到聚焦合成孔径天线信号。地物的反射波由合成线阵天线接收，与发射载波做相干解调，并按不同距离单元记录在

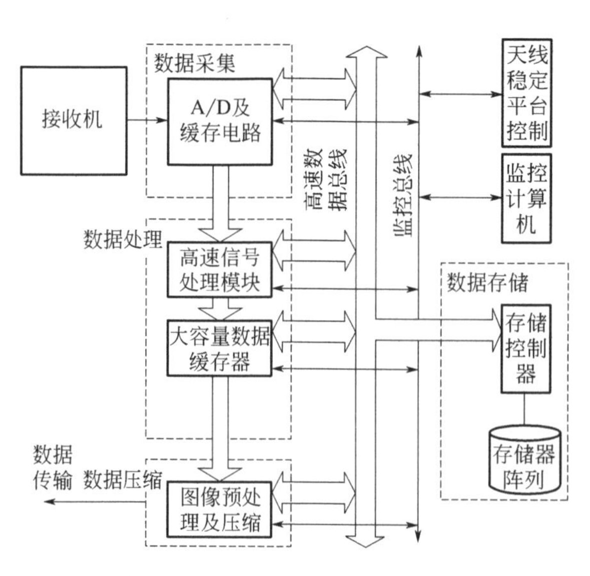

图5-13　合成孔径雷达的结构组成

照片上，然后用相干光照射照片便聚焦成像。这一过程与全息照相相似，差别只是合成线阵天线是一维的，合成孔径雷达只在方位上与全息照相相似，故合成孔径雷达又可称为准微波全息设备。

合成孔径雷达实物及其在无人机上的应用如图5-14所示。

图5-14　合成孔径雷达实物及其在无人机上的应用

由于合成孔径雷达作为一种主动式微波传感器，具有不受光照和气候条件等限制实现全天时、全天候对地观测的特点，甚至可以透过地表或植被获取其掩盖的信息。在军事领域更具有独特的优势。合成孔径雷达主要用于航空测量、航空遥感、图像匹配制导、目标识别、目标跟踪等。它能发现隐蔽和伪装的目标，如识别伪装的导弹地下发射井、识别云雾笼罩地区的地面目标等。利用图像匹配制导，采用合成孔径雷达摄图，还能使导弹击中隐蔽和伪装的目标。

合成孔径雷达在民用上也有十分广泛的用途，如为地质工作者提供地形构造信息，为环境监测人员提供水文信息，为导航人员提供海洋状况分布图。这些特点使其在农、林、水或地质、自然灾害等民用领域具有广泛的应用前景。目前，大中型无人机也已广泛使用合成孔径雷达，在国土测绘、灾害监测、环境监测、海洋监测、资源勘查、农作物估产、城市规划、重点工程选址、抢险救灾等领域将会发挥重要的作用。

5.1.4　其他摄像装置

（1）激光雷达成像任务设备

合成孔径雷达虽然具有不受光照和气候条件限制的优点，但是在低空探测时，易受地表杂波的干扰。于是，一种以激光为光源的探测技术被提出。激光（Light Amplification by Stimulated Emission of Radiation，LASER）原意就是“通过受激发射光扩大”。激光雷达的工作原理是：其发射系统发送一个信号，经目标反射后被接收系统收集，通过测量反射光的运行时间而确定目标的距离。而目标的径向速度，可以由反射光的多普勒频移来确定，也可以测量两个或多个距离计算其变化率而求得速度。激光雷达可以获得极高的角度、距离和速度分辨率（如可获得0.2～1.5毫弧度的角分辨率）。激光雷达作为探测器有两种：一种是以测量目标位置为主的激光雷达，另一种是激光成像雷达。激光的波长是微米量级，激光雷达就是利用“激光光源”的光波作为信息的载体去探测、获取其他手段难于探测、观测到的目标的信息。

激光成像雷达不但能获得目标的距离信息，而且还可以获得目标的形状信息。其工作原理（图5-15）是：设法提取和利用目标返回信号的差别及其所包含的多维信息，经过处理再恢复出被探测目标的形体。具体地说，由激光器发

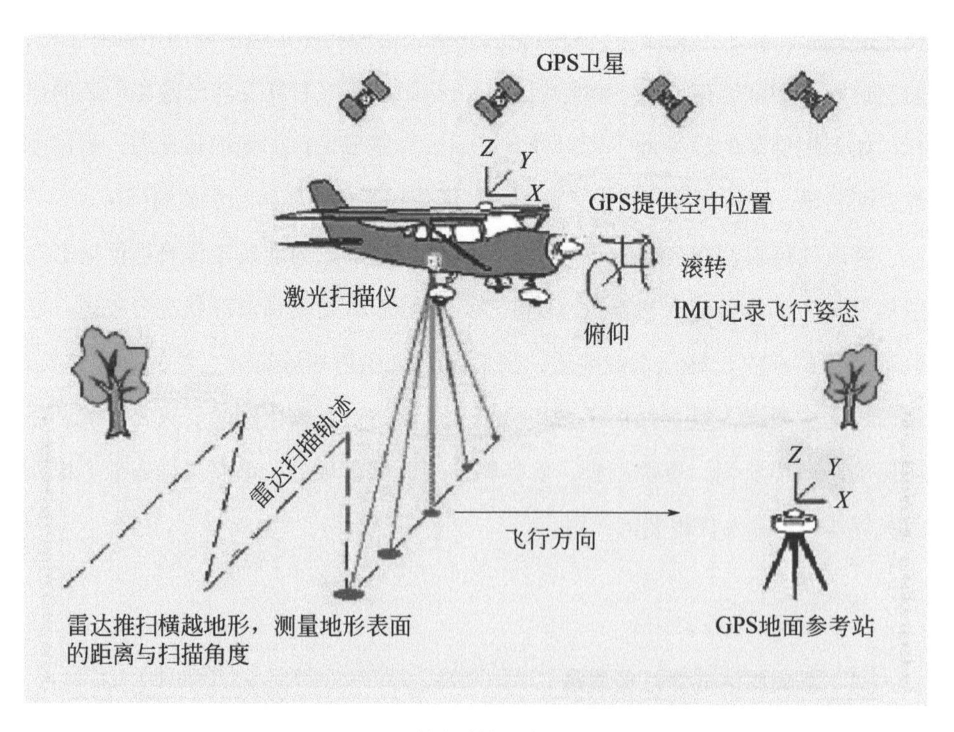

图5-15　激光成像雷达工作原理

射具有一定峰值功率的光脉冲，通过一个扫描光学系统对激光光束准直，并在一定空间范围内按一定规律扫描。扫描器每扫到一定位置，就发射光脉冲。接收器几乎同时接收目标返回的回波脉冲，通过每个回波脉冲获得目标信息。

对于运动目标，还可以提取目标的运动速度等信息。目标的方位信息可由扫描器的瞬时位置决定。目标返回光由接收光学系统搜集并聚集在光探测器上，再将接收到的光能量转换成电信号。由于激光雷达扫描器的扫描规律与显示器屏幕的扫描规律不一致，所以要想呈现出探测视场的场景，还需完成一定的映射变换，也就是需按显示器扫视的规律，还原恢复出被探测目标的图像来。激光成像雷达就是基于这点，设法提取和利用返回信号的差别及其所包含的多维信息，经过处理再恢复出被探测目标的形体，通过显示器显示出目标的形状及三维图像（图5-16）。激光雷达的工作频率比微波雷达高得多，具有分辨率高、光束非常窄、隐蔽性好、抗有源干扰能力强、低空探测性能好、体积小、重量轻等优点。但激光雷达的缺点是工作时易受天气和大气的影响。此外，由于激光雷达的波束极窄，搜索空间目标非常困难，仅适于对地面较大目标的探测。

图5-16　激光成像雷达显示的图像

（2）高光谱成像仪

无人机侦察系统为了获得比高清图像更精细的分辨能力和遥感能力，开始采用多光谱或高光谱成像技术。不同地物有不同的光谱特性，同一地物则具有相同的光谱特性。由于不同地物在不同波段的辐射能量有差别，因此可取得不同波段图像上有差别的影像。多光谱成像相比普通光学成像，不仅可以根据影像的形态和结构的差异识别地物目标，还可以根据光谱特性的差异判别地物目标，从而扩大侦察的信息量，获得比常规方法更为丰富的图像。

多光谱成像技术（图5-17）融合了传统的光学成像和光谱技术的优点，可以同时获取被检测物体的空间信息和光谱信息。高光谱图像在光谱维度上进行了细致的分割，不仅仅具有传统所谓的黑、白或者R、G、B的区别，而且在光谱维度上也有N个通道。例如，我们可以把400～1000纳米分为300个通道。因此，通过高光谱设备获取到的是一个数据立方，不仅有图像的信息，并且在光谱维度上进行展开，结果不仅可以获得图像上每个点的光谱数据，还可以获得任意一个谱段的影像信息。

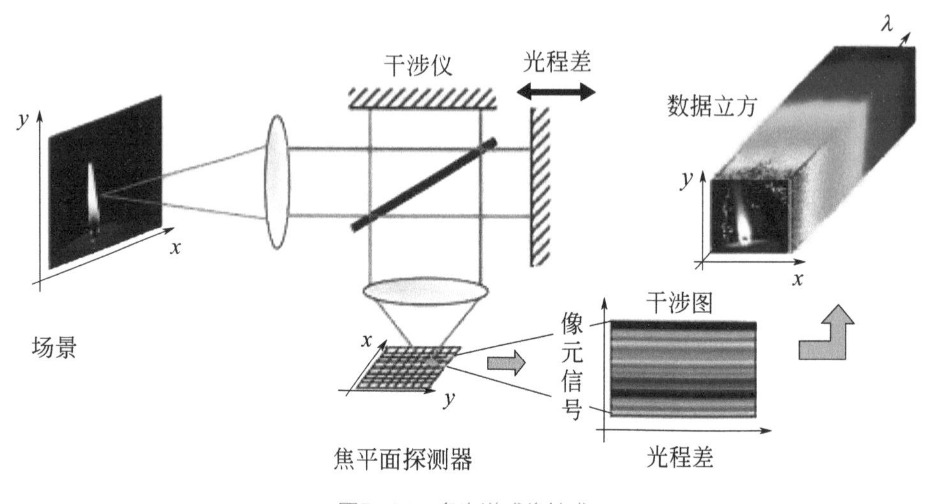

图5-17　多光谱成像技术

多光谱成像技术就是把入射的全波段或宽波段的光信号分成若干个窄波段的光束，然后把它们分别成像在相应的探测器上，从而获得不同光谱波段的图像。实际使用时，要更有效地提取目标特征并进行识别，探测系统需要有精细的光谱分辨能力，可用成像分光技术将地物辐射电磁波分割成若干个较窄的光谱段，以摄影或扫描的方式，在同一时间获得同一目标不同波段彩色信息的影像。

高光谱成像（图5-18）起源于20世纪70年代初的多光谱成像，光谱分辨率在$\lambda/100$的遥感信息称之为高光谱遥感(hyperspectral)；随着遥感光谱分辨率的进一步提高，在达到$\lambda/1000$时，遥感即进入超高光谱(ultraspectral)阶段。也就是说，

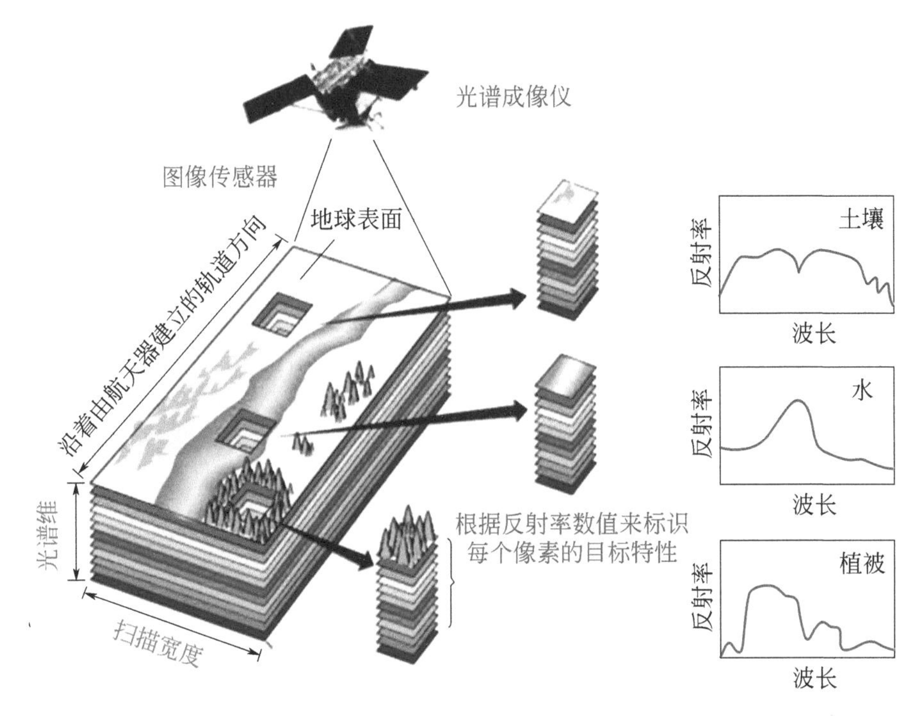

图5-18　高光谱成像

高光谱的波段较多，普带较窄，而多光谱相对波段较少。高光谱遥感比多光谱遥感的光谱分辨率更高，但光谱分辨率高的同时空间分辨率会降低。高光谱成像仪将成像技术与光谱技术结合在一起，在对目标的空间特征成像的同时，对每个空间像元经过色散形成几十乃至几百个窄波段以进行连续的光谱覆盖。同传统光学成像技术相比，其所获取的图像包含丰富的空间、辐射和光谱三重信息。

高光谱成像仪系统主要由面阵相机、分光设备、光源、传输机构及计算机软硬件等五部分构成。光源是高光谱成像系统的一个重要部分，它为整个成像系统提供照明；分光设备是高光谱成像系统的核心元件之一，分光设备通过光学元件把宽波长的混合光分散为不同频率的单波长光，并把分散光投射到面阵相机上；相机是高光谱成像系统的另一个核心元件，光源产生的光与被检测对象作用后成为物理或化学信息的载体，然后通过分光元件投射到面阵相机；计算机软硬件用来控制高光谱成像系统采集数据，针对特定的应用进行图像和光谱数据的处理与分析，同时还可以为高光谱图像提供存储空间。

高光谱成像仪（图5-19）应用领域广泛，如航空航天遥测、地理测绘、农业监测，以及食品安全监测、医学诊断等领域，也拓展到工业领域的产品质量检测和分类方面。

（3）多机摄影三维成像装置

目前，大多数航拍图像都是基于二维平面上所显示的图像。航空摄影已经不满足仅仅平面摄像，希望获得三维目标体图像。

目前，最常用的三维目标体成像技术有三维全息成像技术和多机倾斜摄影三维成像技术。三维全息技术的原理是利用干涉和衍射原理记录并再现物体光波波前的一种技术，多用于近距离目标三维成像。

多机倾斜摄影三维成像是目前无人机采用的新型摄影技术。倾斜航空摄影技术通常采用5镜头或更多的镜头。5镜头（图5-20）可同时获取下部和前、后、左、右四个倾斜方向（如倾斜角均为40°）的影像数据，配合惯导系统获取高精度的位置和姿态信息。5镜头并非同时曝光，而是按照不同的重叠度设置生成不同的曝光顺序，以一定顺序依次曝光（图5-21）。

目前，多机倾斜摄影三维成像技术尚不能实时获得和显示三维图像，还需要对倾斜影像信息进行地面数据处理。在采集每个目标体的四个角度倾斜影像后，将经过处理的惯导数据赋予每张倾斜影像，使得他们具有在虚拟三维空间中的位置和姿态数据，进行量测计算。再通过对影像进行质量检查、影像纠正、同名点量测、正射矫正、大地面镶嵌、数据仓库创建等步骤后，将所有的影像纳入一个统一的实景影像系统中。目前，已有自动化流程的多机倾斜摄影三维

图5-19　高光谱成像仪

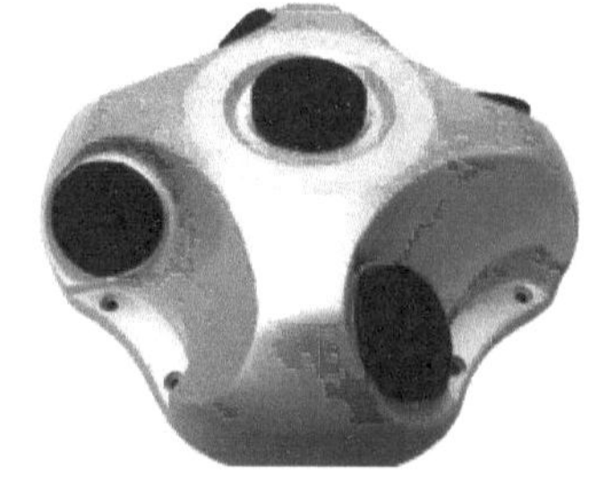

图5-20　两种5镜头倾斜摄影相机

成像的数据处理建模软件。最近又出现6镜头和9镜头倾斜摄影立体成像装置，其中一圈几个镜头以45° 倾斜，中间镜头垂直。立体摄影成像不仅可增加立体感（图5-22），而且可以测量目标体的高度和体积，对于建设工程而言，这是一种新型的航空测量技术。

图5-21　5镜头倾斜摄影原理

图5-22　空中立体摄影

5.2 无人机系统环境感知装置

5.2.1 无人机系统感知的基本概念

无人机对周围环境的感知能力，是保障空中无人机安全飞行和自动控制的基础。尤其是无人机在低空、城市、山林、室内、群飞等复杂环境中飞行，是无人机智能化发展关键所在。

无人机的感知能力应满足以下两类：

① 保证无人机自身安全飞行和作业的基本感知能力，如无人机姿态、空间位置、飞行速度、避障、动力、外部干扰等。

② 执行专门任务的感知能力，如发现、定位、跟踪目标的感知能力，测试环境物质特性（如气体）的感知能力。

无人机的感知方式：

① 对外界信息的被动感知。通过无线电、光、磁、温度、声等传感器，无人机感知自然环境客观存在的属性，或感知外界设备传送给无人机的信息。

② 对周围环境的主动感知。无人机采用特种传感器去主动探测和感知外界环境一些特征，如山谷、建筑、空中飞行物，如与障碍物的距离。对周围环境动态物体的感知，如飞行物、车辆、人员、云块等及其相对变化位移。

5.2.2 测距装置

（1）红外测距传感器

红外测距传感器是一种以红外线为介质的传感装置和测距系统。红外发射器按照一定的角度发射红外光束，当遇到物体以后，光束会反射回来。反射回来的红外线被CCD检测器检测到以后，会获得一个偏移值L，利用三角关系，在知道了发射角度、偏移距、中心距和滤镜的焦距参数后，就可以计算出传感器到物体的距离（图5-23、图5-24）。

红外测距仪主要由调制光发射单元、接收单元、测相单元、计数显示单元、逻辑控制单元和电源变换器等部分组成。以红外线为光源的相位式光电测距仪为例，通常采用砷化镓发光二极管为光源，其光强随注入的电信号而变化，故兼有光源和调制器的双重功能。

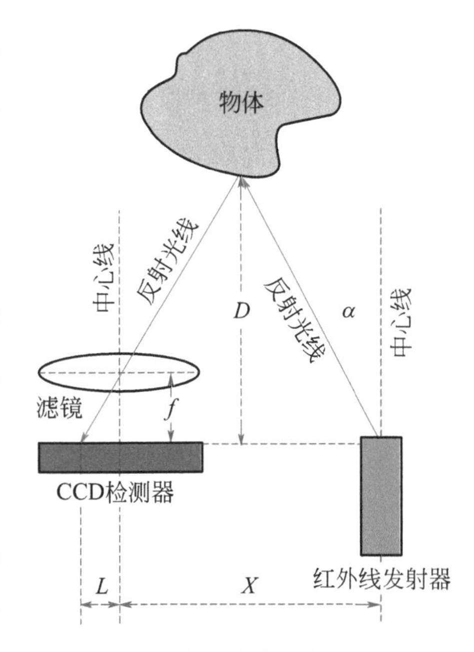

图5-23　红外传感器测距原理图

红外测距仪存在适应测试距离范围受限的缺点，不适于测量距离很小的目标；如果CCD检测器的分辨率不高，或外界红外线干扰强烈，也不适于物体距离很大的目标。

（2）超声波测距传感器

超声波是声波的一部分，超声波是指振动频率大于20000赫兹以上的，其每秒的振动次数（频率）甚高，超出了人耳听觉的一般上限（20000赫兹），人们将这种听不见的声波叫作超声波。超声波的波长很短，通常的障碍物的尺寸要比超声波的波长大好多倍，因此超声波的衍射本领很差，它在均匀介质中能够定向直线传播。

图5-24　一种红外测距传感器模块

图5-25　一种压电式超声波测距仪

超声波测距仪由超声波发生电路、超声波接收放大电路、计数器、单片机和显示电路组成。当单稳态触发器输出高电平时，多谐振荡器产生振荡，发出超声波脉冲。超声波接收器将超声波调制脉冲变为交变电压信号，经运算放大器两级放大后加至带有锁定环的音频译码集成块，输出端由高电平跃变为低电平，作为中断请求信号，送至单片机处理。

超声波测距仪（图5-25）测量距离比较近，微型超声波测距仪的测量距离一般在4米左右，较大的强超声波测距仪测量距离可达到100米。在超声波测距中，通常因温度和时间检测的误差，使得测距的精度不高。但这种传感器有一个最大的优势就是成本低，另外模块体积也比较小，所以在无人机避障技术上得到了关注。

（3）激光测距传感器

常规红外测距仪在测量较远距离的目标时，因红外线的传播需要时间，尤其对于运动无人机或运动目标体，因传输延迟会产生一定的实时测距误差。所以，现在通常采用激光红外测距仪。但是，激光红外测距仪只是激光测距仪的一种。激光测距仪可用的光范围很广，为了防止激光对人体的伤害，目前常用的有可见光或工作波长为760～905纳米的红外线激光。

激光测距仪按照测距方法可分为相位式激光测距仪和脉冲式激光测距仪。脉冲式激光测距仪是在工作时向目标射出一束或一系列短暂的脉冲激光束，目标反射的激光束由测距仪光电元件接收，计时器测定激光束从发射到接收的时间，由光速计算出从观测者到目标的距离。相位式激光测距仪是用无线电波段的频率，对激光束进行幅度调制并测定调制光往返一次所产生的相位延迟，再根据调制光的波长，换算此相位延迟所代表的距离。激光测距仪重量轻、体积小、操作简单、速度快而准确，其测量精度可达±0.15米。常规激光测距仪根据不同功率和用途，其测量范围为3.5～5000米。

图5-26　用于无人机的激光扫描测距仪

基于激光测距仪的原理，设计能够转动扫描的激光扫描测距仪，对无人机外部物体的测量就扩大了范围，而且更适于无人机避障。可转动扫描的激光测距仪，也有人称之为“激光扫描雷达”。

激光扫描测距仪结构紧凑，重量轻，功耗低，不受强光影响，在黑暗中亦能工作，非接触式测量，已被广泛用于无人机防撞、测量、导航、安防等（图5-26）。

（4）测距雷达

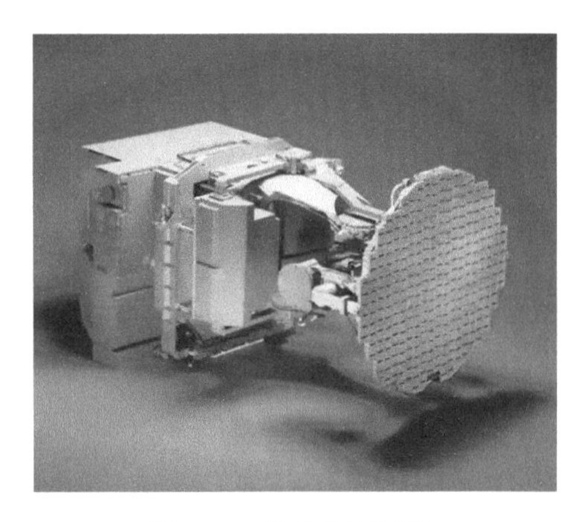
图5-27　机载多普勒雷达

大型无人机可用多普勒雷达（图5-27）测量距离。多普勒雷达是一种利用多普勒效应来探测目标位置和相对运动速度的雷达。当无人机上的多普勒雷达发射一固定频率的脉冲波对目标进行扫描时，因无人机与目标有相对运动，回波的频率与发射波的频率出现频率差（接受频率低于发射频率）。根据多普勒频率的大小，可测出无人机与地面的径向相对运动速度；根据脉冲发射和接收的时间差，再测出无人机相对于目标或地面的距离。

目前，中小型无人机多用毫米波雷达测距。

毫米波是指30～300吉赫(GHz)频域（波长为1～10毫米）的无线电波，毫米波的波长介于微波和厘米波之间。常规雷达频域一般都工作在1吉赫到35吉赫之间，其相应波长为米和厘米波段。而毫米波雷达则是近些年真正发展起来的、波长更短的毫米波段雷达。毫米波雷达的优点体现在：① 有极宽的带宽；② 波束窄，可以分辨和测量相距更近的小目标；③ 比激光传播受气候的影响要小得多；④ 比微波雷达的元器件尺寸要小得多，便于微型化。

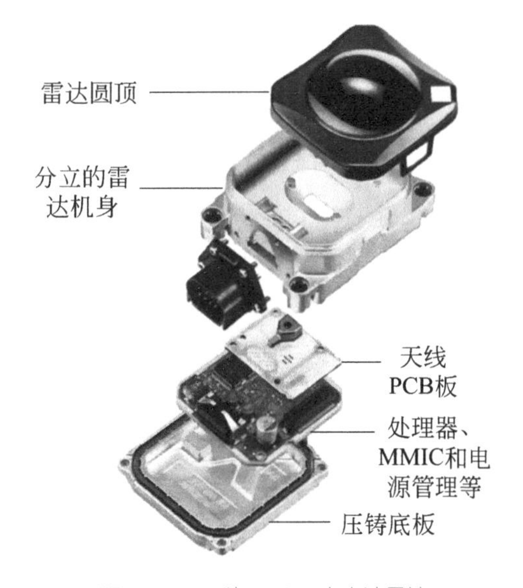

图5-28　一种FMCW毫米波雷达

以FMCW毫米波雷达系统（图5-28）为例，主要包括天线、收发模块、信号处理模块。其中，前端单片微波集成电路（MMIC）包括低噪声放大器、功率放大器、混频器，甚至收发系统等多种功能电路，需要进行小电路损耗、低噪声、宽频带、大功率和抗电磁辐射能力等性能设计。

目前，民用市场上的微型毫米波雷达，测量距离可到60米，测量精度达到3厘米。

5.2.3 光流传感器及其避障技术

（1）光流传感器

光流技术是从会飞的昆虫感知与周围物体的距离的功能启发而来的。科学家的研究发现，昆虫在移动过程中，周围景象会在视网膜上形成图像，这些前后连续的图像在视网膜上不断闪过，好像一种光的“流”（图5-29），因此把这种现象的表观运动称为光流(optical flow)。昆虫神经正是通过飞行中的光流信息来估计其距障碍物的距离，使它们能够在混乱的环境中飞行。

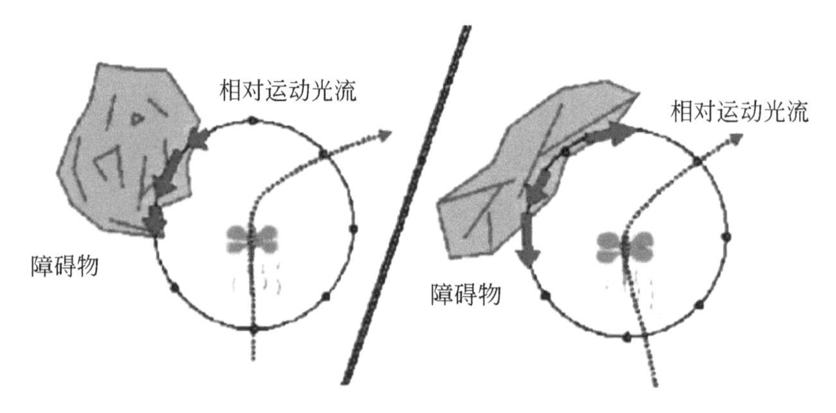

图5-29 昆虫的“光流”感知避障飞行示意图

1998年，光流被重新定义为动态图像的几何变化和辐射度变化的全面表示。光流传感器虽然也是光电传感器，但它并不是反映真实世界的光学图像，而是利用图像序列中像素强度数据的时域变化和相关性来确定各自像素位置的“运动”，即研究图像灰度在时间上的变化与景象中物体结构及其运动的关系。光流是指空间运动的物体在成像面上的像素运动的瞬时速度，它表征了二维图像的灰度变化和场景中物体及其运动的关系，它根据像素灰度的时域变化和相关性来确定各个像素点的运动速度。因此，光流可被用来确定相对目标的运动情况。

现在已经研制出的光流传感器（图5-30）是一种基于光流法对视觉运动进行测量并输出测量值的视觉传感器。光流传感器通常是把图像采集系统和数字信号处理器整合到一个芯片上，并内嵌光流算法而制成的一体式视觉传感器。光流传感器能对视觉运动进行测量并输出二维测量值。我们常用于计算机的光电鼠标，就安装有光流传感器，作为测量鼠标运动的主要感应元件。

光流法检测运动物体的基本原理是：给图像中的每一个像素点赋予一个速度矢量，这就形成了一个图像运动场，在运动的一个特定时刻，图像上的点与三维物体上的点一一对应，这种对应关系可由投影关系得到，根据各个像素点的速度矢量特征，可以对图像进行动态分析（图5-31）。光流由光流相机运动（如无人机携带的光流传感器）、场景中目标运动或两者的共同运动产生的相对运动引起的。如果环境图像中没有运动物体，则光流矢量在整个图像区域是连续变化的。如果无人机相对于环境物体有距离变化，光流矢量特征也在变化。

图5-30　一种光流传感器

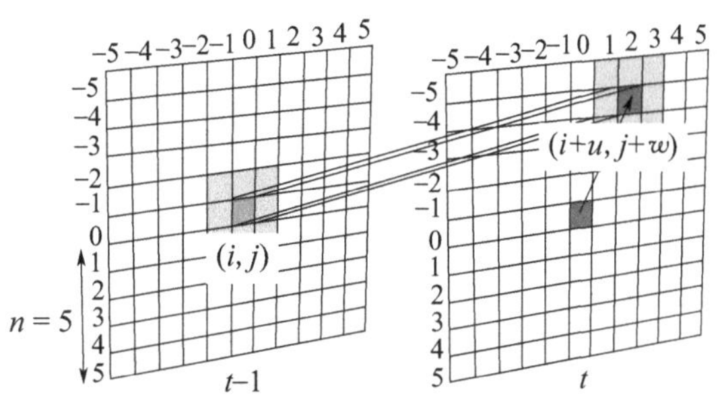

图5-31　两个连续帧光流像素的最佳匹配

（2）基于光流传感器的无人机避障技术

为了提高小型无人机飞行的自主性，发展了基于光流法的小型无人机避障策略。

光流是空间物体运动在视觉传感器成像平面上的表达，是一种简单实用的图像运动表达方式。光流的研究就是利用图像序列中的像素强度数据的时域变化和相关性来确定各自像素位置的“运动”，即研究图像灰度在时间上的变化与景象中物体结构及其运动的关系。简单来说，光流是空间运动物体在成像平面上像素运动的“瞬时速度”，研究光流场的目的就是从图片序列中近似得到不能直接得到的运动场（motion field，有时也叫速度场）。

光流是由相机和外界环境中物体的相对运动引起的。光流场是图像亮度模式的表观运动，运动场是空间物体运动在二维成像平面上的投影。图像序列分析的目的是由图像平面上的这些变化估计出三维运动和三维结构参数，这里的三维结构参数主要是摄像机与目标或物体之间的相对距离，即估计出在运动情况下，摄像机与物体发生碰撞的时间。

与障碍物之间的相对运动可用运动场描述，运动场由图像中每个点的运动(速度)矢量构成，即现实世界的三维运动投影到二维平面（图5-32），是一个与图像亮度无关的纯粹几何概念。在相对运动的一个特定时刻，障碍物在光流传感器图像上某一点对应三维物体上某一点，这种对应关系可以由投影方程得到，距离越远的运动产生的光流矢量越小，距离越近的运动产生的光流矢量越大。

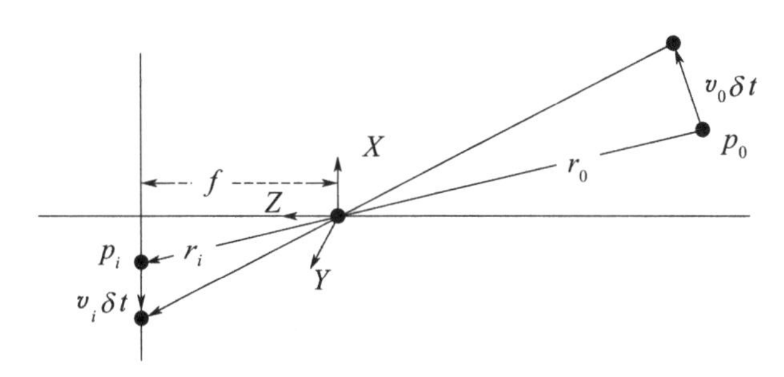

图5-32 障碍物体上一点运动在光流传感器上的二维投影

通过测量计算障碍物的距离、角度和可能接触的时间，就可以改变无人机的飞行方向和速度，避免与障碍物的碰撞。光流传感器是一种简便、重量小和成本低的避障传感器。当然，用激光雷达探测和测距也可以实现无人机避障飞行。

5.2.4 功能组合吊舱

（1）光电与测距传感器组合吊舱

目前，不少无人机采用多个传感器组合吊舱。从组合性质来说，具有对不同特征目标探测的功能，或者具有对同一目标获取不同特征图像的组合功能。例如，有可见光传感器与红外传感器的组合，有可见光传感器、红外传感器与合成孔径雷达的三种传感器组合。多光电组合吊舱（图5-33、图5-34）通常有以下几种：可见光传感器、近红外传感器和远红外传感器组合，可见光传感器、红外传感器和激光测距仪组合，可见光传感器、红外传感器和雷达测距仪组合，可见光传感器、红外传感器和高光谱传感器组合等。

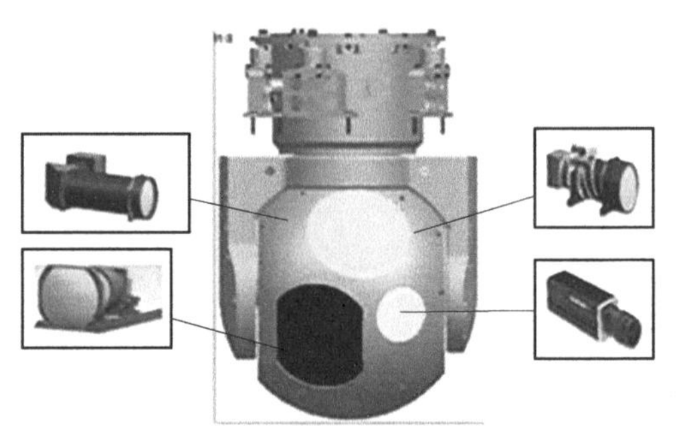

图5-33 多光电传感器典型组合吊舱

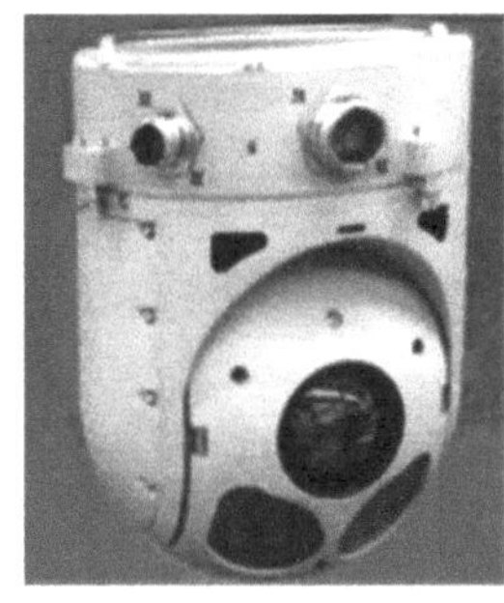

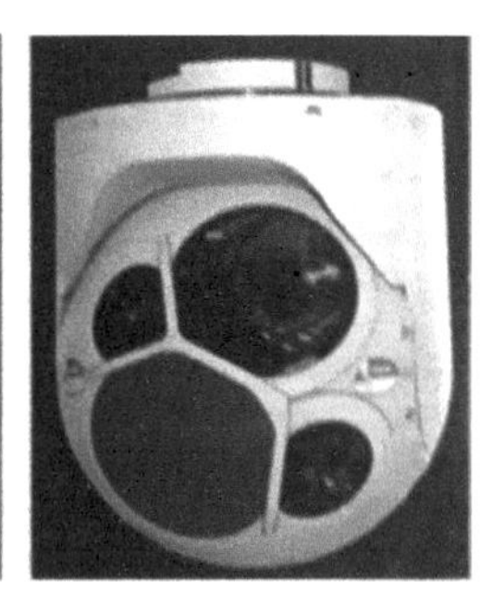

图5-34 两种多传感器组合吊舱

对于承载多个传感器组合吊舱的无人机系统，要具备不同传感器数据记录具有同时刻标识的存储功能，同时各传感器探测到的数据和图像要经过（机载设备系统或地面站）编码、融合、压缩、处理后传输给情报分析处理部门。

（2）目标定位技术

当无人机的摄像装置垂直指向目标时，我们可以基本确定无人机的水平坐标位置就是当时拍摄的图像中心位置，然后通过目标在图像中的偏离位置就能测算出目标的水平位置。

当摄像机任意指向目标情况时（图5-35），由于摄像机成像是通过射线透视

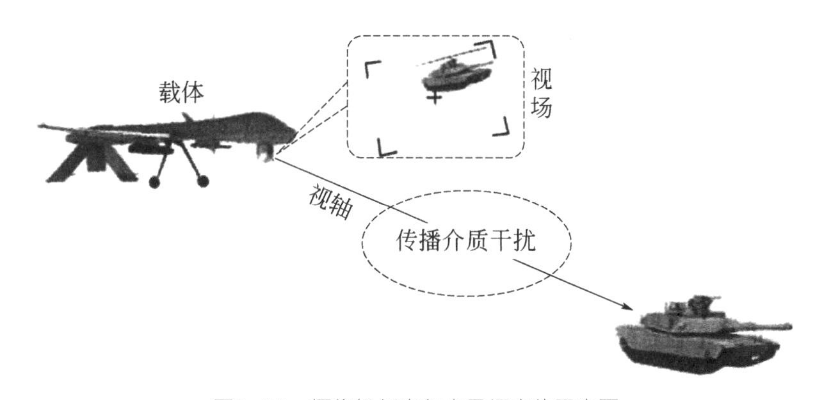

图5-35 摄像机任意角度目标定位示意图

成像原理获得目标及其背景图像，其目标精确定位需要多方信息。首先进行在无人机姿态影响下的角度变换，其次进行摄像机角度相对于目标坐标系（如地球坐标系）的转换。由于图像是透视成像，还需进行透视变换。

通常根据摄像机轴线相对于目标坐标系的方位角（已考虑无人机姿态变换）、摄像机轴线相对于目标坐标系的俯仰角（已考虑无人机姿态变换）、摄像机坐标原点相对于目标坐标系原点的三个方向的位移和视距来进行坐标和尺寸计算。需要提出的是，必须知道摄像机相对于目标的高程值。高程值可以用测距仪（如雷达测距仪、激光测距仪）直接测得。

5.3 其他特种信息传感装置

无人机执行各种特殊任务的传感器种类很多，这里仅举例介绍几种常见的任务传感器。

（1）气体探测仪

无人机挂载气体探测仪（图5-36）主要用于对化学气体的探测，广泛应用到各类石油、石化、化工生产装置区，以及消防、燃气、电信、煤炭、冶金、电力、医药等其他存在有毒、有害气体的场所。

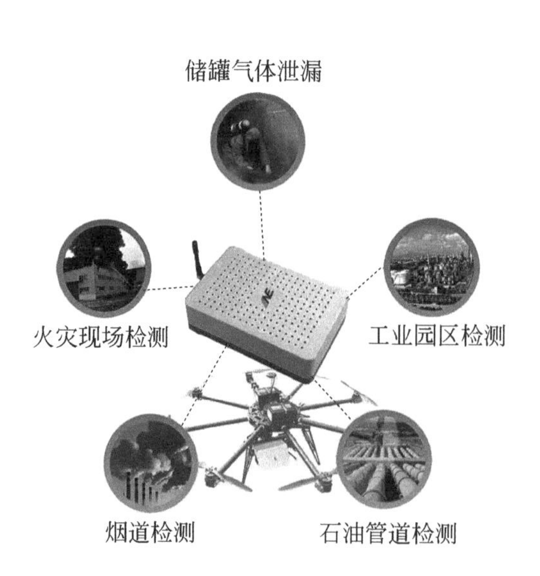

图5-36　小型气体探测器

气体探测仪除了收集气体外，其本身具有一定的检测功能，如气体化学成分（如SO_2、NO_2、CO_2等）以及PM10、PM2.5等污染参数和气体浓度（包括安全浓度TWA和极限浓度STEL）的检测，以及报警功能。

（2）声呐探测仪

无人机挂载声呐探测仪（图

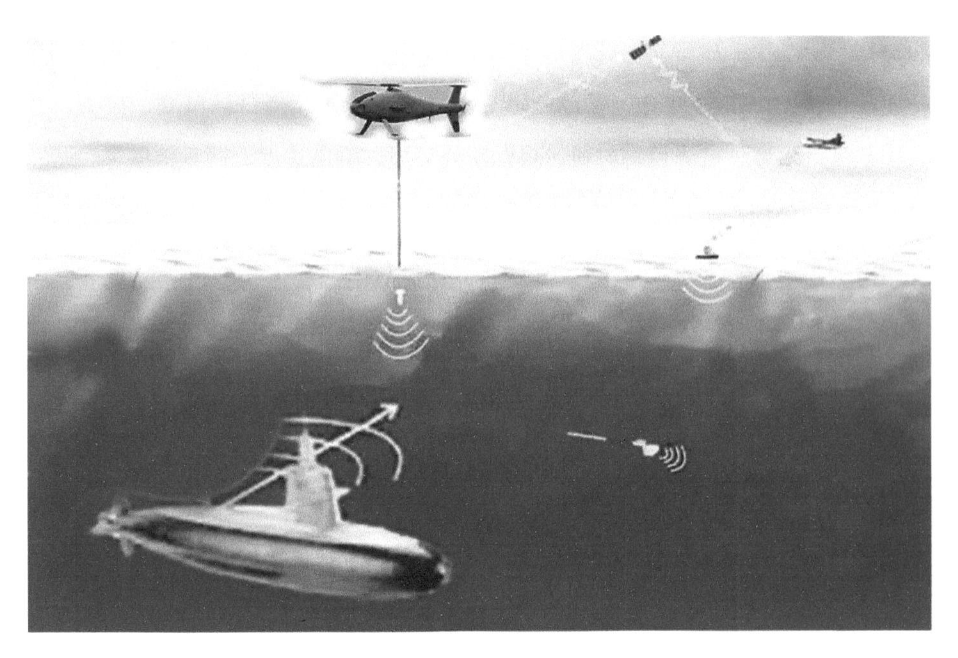

图5-37　无人直升机声呐探测水下潜艇示意图

5-37）主要用于对水下目标的探测。声呐探测仪是一种利用声波在水下的传播特性、通过电声转换和信息处理执行水下探测和通信任务的电子设备。有主动式和被动式两种类型。主动式声呐由发射机、换能器、接收机、显示器、定时器、控制器等主要部件构成。发射机制造电信号，经过换能器（如压电晶体），把电信号变成声信号向水中发射。声信号在水中传递时，如果遇到潜艇、水雷、鱼群等目标，就会被反射回来，反射回的声波被换能器接收，又变成电信号，经放大处理，在显示器上显示和在耳机中变成声音。根据信号往返时间可以确定目标的距离，根据声调的特征可以判断目标的性质以及运动目标的距离变化。

（3）远距离温度探测仪

通过对物体自身辐射的红外能量的测量，能准确地测定它的表面温度，这是红外辐射测温所依据的客观基础。无人机防火探测和温度测试，除了红外图像之外，还需要知道温度值。光学系统汇集其视场内的目标红外辐射能量，视场的大小由测温仪的光学零件以及位置决定。红外能量聚焦在光电探测仪上并转变为相应的电信号。该信号经过放大器和信号处理电路按照仪器内部的算法和目标发射率校正后转变为被测目标的温度值。

在选择测温仪型号时，应首先确定测量要求，如被测目标温度、被测目标大小、测量距离、被测目标材料、目标所处环境、响应速度、测量精度等。

（4）气象探测装置

用无人机做空中气象探测，可检测风速、风向、温度、湿度、能见度、雨雪等气象状况。常见气象检测器配备的传感器有：温度检测器、湿度检测器、风速风向检测器、雨量检测器、能见度检测器等。新型的气象检测器还配有气象热谱地图。

（5）电子信号探测仪

目前，先进装备都有电子装置和无线通信装置，尤其是军事基地、地面雷达都发射有各种电子信号。无人侦察机安装电子信号探测器，主要用于获取目标方战略、战术电磁情报，包括目标电磁信号源的方位、信号特点、技术参数及信息内容等。

无线电监测与定位要难于光学航测，必须采用先进的技术手段和专门的设备，需具有对不同的无线电发射频率、频率误差、发射带宽等的测量能力，并具有对电台和干扰源测向定位等功能。测定发射电台所在的方向，是利用能定向接收的特种测向电台来实现的。确定发射电台的地点，是利用两个或多个相距足够远的测向电台，确定几个方向的交点。

无人机探测地面电子设备（图5-38）的同时，无人机也存在被地面雷达探测到的威胁。因此，无人机应具有一定的隐身设计。

（6）矿产探测仪

为了寻找和查明大面积矿产资源以及地下考古，利用无人机空中勘探手段了解地下的地质状况更便利。无人机矿产探测仪就是为了探测矿产的聚集、保存等状态，矿体走向，矿产的总面积和总储量等信息。

矿产探测仪有多种，用于金属矿产探测的有电磁探测仪、微波探测仪等。用于无人机的矿产探测器，应具有探测面积大、扫描速度快、灵敏度高等功能。金属探测仪经历了几代探测技术的变革，从最初的信号模拟技术、连续波技术，

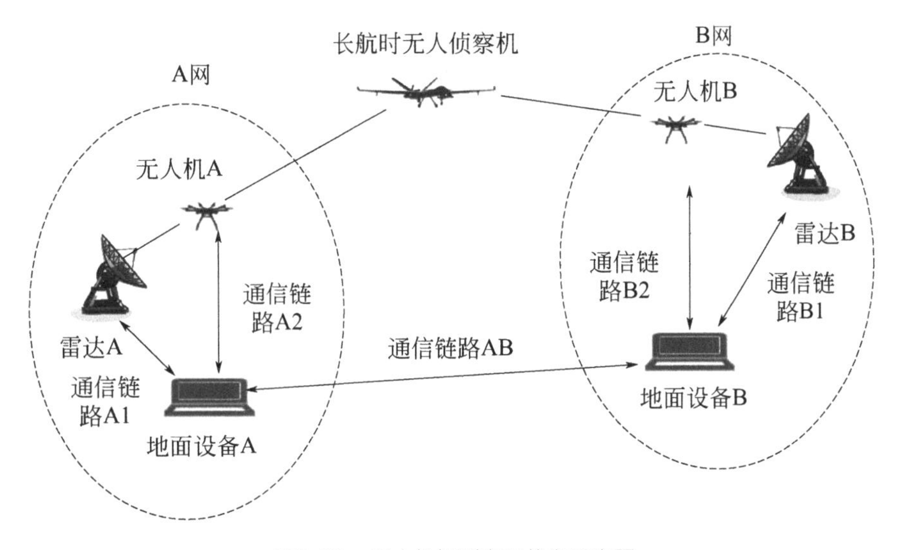

图5-38　无人机探测电子信息示意图

发展到数字脉冲技术。基于磁场切割原理的多种科学技术成果被引入金属探测仪中，显著提高了探测仪的灵敏度、分辨率和探测精确度。

（7）核辐射探测仪

对于核电场所和其他核辐射装置，用无人机装备的核辐射探测仪探测（图5-39）是最有利的手段之一，可以用无人机检查核电厂局部的辐射泄漏和核辐射污染的情况、检查有核辐射危险的填埋地和垃圾场、检测核工业的核辐射强度等，可以避免人员靠近测试核辐射所带来的人体核辐射伤害。

图5-39　南航无人机执行中国核试验采样任务

第6章

无人机系统的用途及发展前景

6.1 无人机在军事上的用途

由于无人机可执行许多复杂和危险的任务且不造成巨大经济损失，尤其没有空中飞行事故的人员伤亡，因而越来越受到军事上应用的重视。

6.1.1 无人靶机

无人机作为防空武器试验的靶机，是最早用于军事上的飞机火炮和高射炮的武器试验。现在无人靶机仍然是地面防空和空中格斗武器的试验与训练的重要手段。尤其是防空和空空导弹的试验，都需要利用无人靶机做性能测试和实战模拟。因此，无人靶机必须具有一定的飞行速度和机动性。南京航空航天大学早在20世纪70年代研制成功的“长空一号”无人机就是一种先进的高机动靶机（图6-1）。多数无人靶机的动力是喷气式推力装置。目前，各种超声速无人靶机也正在发展中。

图6-1 “长空一号”无人靶机

还有直接研制仿真军用无人机作为靶机，如美国就曾研发仿米格战斗机的无人靶机（图6-2）。

图6-2　美国仿米格-21无人靶机

无人机还可以安装目标反射信号增强器（如红外曳光管和雷达信号发射器），以便于试验所要测试的攻击装备（如火炮、空空导弹和地空导弹）的雷达或红外探测跟踪。

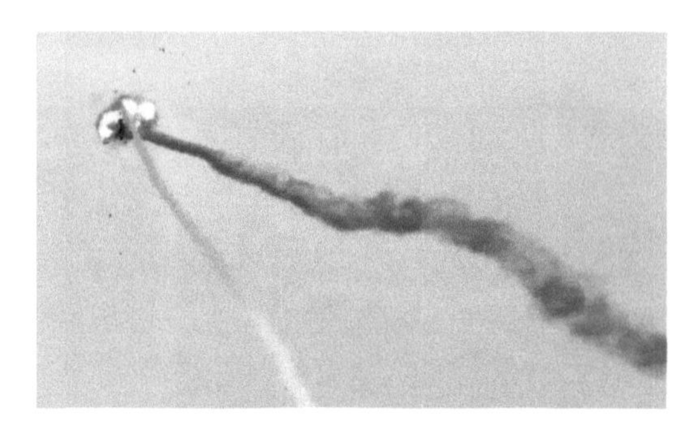

图6-3　防空导弹命中击毁无人靶机

一种以有人驾驶飞机拖带的无人靶机，作为低成本空靶试验。大型无人机还可自己携带无人拖靶，因此可以重复使用无人母机。这两种无人靶机作为火炮和导弹的靶标，更节省试验成本。无人靶机技术也在不断发展，如扩大高低空飞行范围、提高飞行速度（如超声速、高超声速靶机），模拟敌方各种军用飞机、导弹的信号等，以用于先进的空空导弹、防空导弹（图6-3）、反导系统的试验和评估。

6.1.2　无人侦察机

无人侦察机是继无人靶机之后使用发展最多的军用无人机。无人侦察机类型发展很快，不同的无人侦察机可以分别执行战略性侦察、区域性监视、战场前沿的侦察和目标校正定位等任务。

（1）战略性无人预警机

无人预警机主要执行大范围区域性的空中监视、战略性目标的预警等任务。通常这类无人机具有高空高速、长航时连续飞行、实施大范围的侦察与监视的能力。远距离无人侦察机也可以通过卫星将侦察信息传到地面信息指挥部。研制较早的有美国典型的“全球鹰”无人机（图6-4）。该机长13.4米，翼展35.5米，最大起飞重量为11610千克，飞行高度为19800米，最大飞行速度为740千米/小时，航程为26000千米，续航时间为42小时。机上载有合成孔径雷达、电视摄像机、红外探测器三种侦察设备，以及防御性电子对抗装备和数字通信设备。合成孔径雷达的探测距离范围为20～200千米，能在一天当中监视1.374×10^5平方千米面积的地方。中国也已经研制出多款不低于“全球鹰”无人机性能指标的长航时无人预警机。无人机战略预警示意图如图6-5所示。

图6-4　“全球鹰”无人机

图6-5　无人机战略预警示意图

（2）战术性无人侦察机

战术性无人侦察机主要执行战场前沿或纵深的目标的探测等任务。通常这类无人机起降方便、机动灵活、目标小，具有一定的突防能力。这类无人机有中小型固定翼无人机，也有无人直升机或多旋翼无人机。

起初这类无人机以装载单一的光学侦察设备为主，目前已向装载双光（可见光和红外）摄像吊舱或多光组合侦察吊舱发展。战术性无人侦察机强调具有目标细节的探测和识别能力，并具有减少被敌方发现和攻击的设计。典型的有美国在对阿富汗战争中发现基地组织重要头目的美国“影子”200型无人侦察机。该机高3.4米，其中RQ-7A型（图6-6）翼展3.89米，可携带25.3千克载荷；RQ-7B型

图6-6　RQ-7A型无人侦察机

翼展4.27米，可携带27.2千克载荷。发动机布置在机身后部。无人机最大飞行速度为200千米/小时，最大航程为125千米，续航时间为5.5小时。战术性无人侦察机种类很多，大的弹射起飞，小的可手抛起飞。中国已研制出各种各样的中小型无人侦察机。战术性无人侦察机任务示意图如图6-7所示。

图6-7　战术性无人侦察机任务示意图

（3）火炮校射目标定位无人侦察机

为了定位校射火炮坦克对目标的攻击精度，发展出种种对敌方目标定位校射的无人侦察机（图6-8、图6-9）。如果炮火没有首次击中目标，可以通过无人机传回的图像定位信息，测得目标与炸点偏差，从而校正炮兵射击，达到准确毁伤的目标效果。

图6-8　以色列“云雀”无人侦察机

图6-9　国产炮兵校射无人机

近距离炮火校射，也可以用小型多旋翼无人侦察机。

6.1.3　无人电子侦察机和电子干扰无人机

（1）无人电子侦察机

无人电子侦察机不是探测目标的光学图像，而是为了探测地面目标（如雷达）的电子信号及其特征。

利用无人机对敌方电磁辐射源进行无源定位是电子对抗侦察的一个重要方面。无源定位不易被对方发现，可以采用多个无人机平台的多站定位，也可以采用单个无人机平台的单站定位。所要探测的地面目标电磁信号，有静止的目标，如基地雷达，也有动态的目标，如舰艇雷达。无人电子侦察机无源定位系统和地基、舰载等无源定位手段相比，具有独特的优势，它的作用距离远，覆盖地域大，机动能力强，并且危险性小，只有一架无人机也能对辐射源定位。无人电子侦察机单站无源定位技术（图6-10）利用一个探测平台对目标进行无源定位。由于获取的信息量相对较少，对辐射源的定位难度相对较大。定位的实现过程通常是用单个运动平台对辐射源进行连续测量，从几何定义上来说，就是用多个定位曲线的交汇来实现定位，即利用运动学原理测距，以振幅、相位或多普勒频率法测向，依靠几何学原理定位，实现单站对固定和运动辐射源的快速、高精度无源定位。

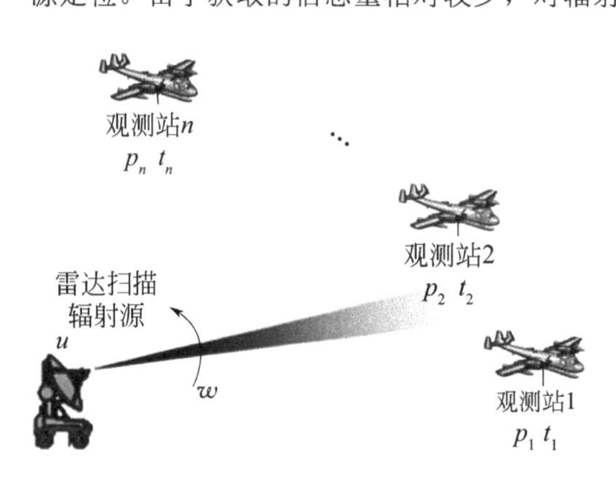

图6-10　无人机电子侦察机的无源定位技术

（2）**电子干扰无人机**

电子干扰无人机是具有对敌方地面或空中装备实施电子干扰的无人机，即装载电子对抗装备遂行电子对抗作战任务的专用无人机，因此又称作“电子对抗无人机”。电子干扰无人机由无人机载体及所携带的电子对抗设备组成。电子干扰无人机首先执行侦察任务，通过对一定频域和空域范围内的各种电磁信号进行搜索、测量和分析，获取电子情报。电子干扰无人机可飞临敌方防护严密的要地上空或在一定空域巡航，对敌方雷达和无线电通信实施抵近式干扰。随着无人机的飞速发展，美国、俄罗斯、以色列、南非等许多国家和地区纷纷研制出不同类型的电子干扰无人机。典型装备如美国的“猎犬”“蚋蚊”（图6-11）和“捕食者”无人驾驶侦察机，都可装载电子对抗侦察设备，遂行电子对抗侦察任务；“先锋”“苍鹰”等无人机可按不同的任务加装各种电子干扰设备。电子干扰无人机的发展将选用长航时、高机动、隐身性能好的无人机；改善无人机的动力需求，增强干扰无人机的干扰能力；提高无人机机载电子对抗装备的模块化、小型化程度，以提高电子干扰无人机的作战能力。多无人机电子干扰示意图如图6-12所示。

图6-11 “蚋蚊”电子干扰无人机

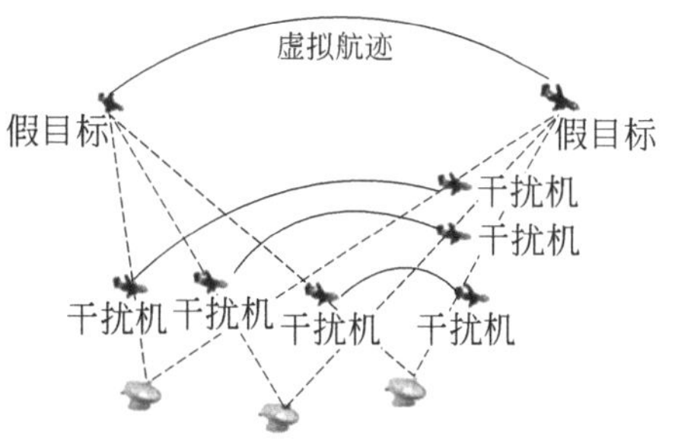

图6-12 多无人机电子干扰示意图

（3）诱饵无人机

诱饵无人机是电子干扰无人机中应用广泛的一种类型。早期的电子战形式就是诱饵无人机。随着现代防空导弹的性能越来越好，使用常规战机侦察时的风险也越来越大。诱饵无人机可模拟多种空中目标电子信号特征，以引诱对敌方的防空导弹和电子战雷达系统启动，用于侦察对手防空系统的电子频率、发射位置和反应速度。诱饵无人机通常在无人机上安装角反射器、龙伯透镜等无源干扰装置，模拟或掩护己方空中装备目标；或安装有源干扰设备，转发敌方雷达信号，使其具有与被掩护目标相似的信号特征和运动特性，对敌方雷达实施“欺骗”。当敌方的雷达截获到这些假目标，很难识别，导致把这些错误的情报传递到敌火控雷达系统和防空武器，使敌方进行误攻击，而己方无人机或其他空中装备完成侦察和目标信息定位任务。无人机假目标欺骗，除了雷达欺骗外，还有红外诱饵假目标，从而让己方有人飞机或无人机、导弹对敌方防空系统实施压制、干扰或打击。诱饵无人机也可用于诱使敌方雷达开机，协同其他电子对抗侦察设备遂行电子对抗侦察任务。诱饵无人机有美国的BQM-74“石鸡”（图6-13）、以色列的“壮士”等。

图6-13　BQM-74“石鸡”诱饵无人机

（4）通信中继无人机

利用高空长航时的无人机作为通信中继平台（图6-14），与通信卫星相比，不但成本大大降低，而且可用于不同区域，机动性好。通信中继的无人机通常装有抗干扰扩频通信设备、大功率固态放大器、全向甚高频和超高频无线电台中继等设备，可以进行数据、信号、图像和语音传输。由于无人机研制成本低、机动性强，高空长航时的无人机用于实现信息的远程传输，可满足战场指挥控制信息和监视侦察情报的超视距传输及向不同作战单元的分发需求。

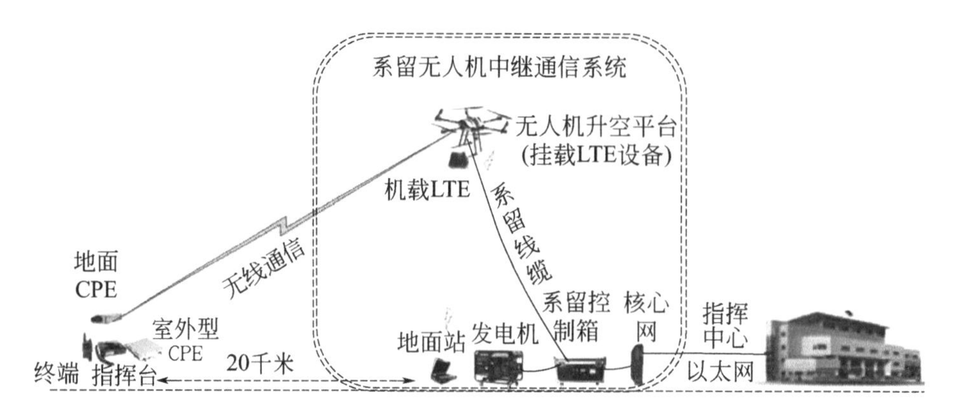

图6-14　无人机承担通信中继示意图

目前，中继无人机有两类：一类是低速固定翼无人机，具有飞行范围广、飞行高度较高等特点；另一类是多旋翼可悬停无人机，常用地面供电的系留多旋翼无人机，具有留空时间长、中继位置固定等特点。

6.1.4 无人攻击机

（1）“察-打一体”无人机

无人作战飞机(unmanned combat aircraft)，又称“无人攻击机”，指的是以火力攻击为主要任务的无人机，即携带发射攻击性武器并可反复使用的无人机。美国《新世纪展望：21世纪的航空航天力量》的研究报告指出：“不久的将来，无人作战飞机将有可能成为21世纪空中作战的主导力量。”

无人军用飞机从过去主要是执行空中侦察等作战支援装备，逐渐发展成为能直接攻击目标的新概念无人战斗机。这一发展起始于美国的“捕食者”原型无人侦察机。美国的MQ-1“捕食者”无人机原来是一种中高空长航时侦察无人机，是作为“高级概念技术验证”而从1994年1月到1996年6月发展起来的，该机装有光电/红外侦察设备和合成孔径雷达。2001年及之前，MQ-1“捕食者”主要执行战场侦察任务，发现目标提供信息给其他军用飞机去执行轰炸任务。此后，美国在MQ-1“捕食者”无人机上加载“地狱火”激光制导导弹，并于2001年10月“捕食者”无人机首次在阿富汗实战中发射导弹摧毁了一辆敌方坦克。美国第一次尝到了无人机不但可以侦察还可以自己直接发射导弹攻击的甜头，于是开始重视无人攻击机的发展。随后，“捕食者”从侦察无人机发展为具有攻击能力的多任务型无人机。改进的“捕食者”无人机装载有多频谱瞄准系统、激光照射器和激光测距器。此外，还解决了整体油箱机翼与“地狱火”导弹兼容的问题。此后，“捕食者”无人机多次在实战中成功地攻击了目标。因此，这种“捕食者”无人机又称为“察-打一体”无人机。MQ-9“死神”察-打一体无人机主要性能数据如下：

翼展：20米。

载重量：1360千克。

最大速度：460千米/小时。

续航时间：15小时（MQ-9A无人机平台连续飞行了43小时）。

巡航高度：15000米（空载）；9000米（满载）。

机载武器：2枚GBU-12激光制导炸弹和4枚AGM-114“地狱火”空地导弹；227千克的“联合直接攻击弹药”和113.5千克的小直径炸弹。

MQ-9“死神”无人机（图6-15）的飞行员虽然不是在空中亲自驾驶，但飞行员手中依旧操纵着控制杆，拥有开火权，而且还要观测天气，实施空中交通控制，进行花样作战，施展作战战术，同样是在作战。

无人机打击红外目标示意图如图6-16所示。

中国研制的“翼龙-2”（图6-17）、“彩虹-5”（图6-18）等察-打一体无人机，是与MQ-9“死神”无人机同等水平的无人作战飞机，而且还发展出性能更优、载弹量更大的察-打一体无人机。

无人作战飞机从过去主要是作为执行空中侦察、监视和战斗毁伤评估等任务的作战支援装备，发展成为能直接攻击目标、执行压制敌防空系统的新型装备，可以攻击地面目标，也可以攻击空中目标。

图6-15　MQ-9“死神”无人机

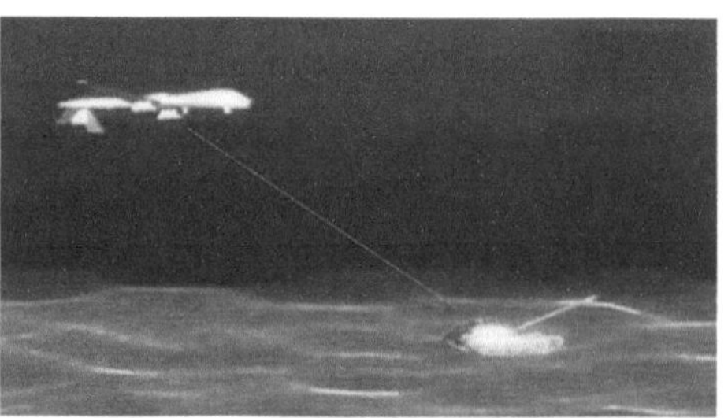

图6-16　无人机打击红外目标示意图

图6-17　国产“翼龙-2”无人机

图6-18　国产“彩虹-5”无人机

（2）无人轰炸机

无人轰炸机与察-打一体无人机没有严格的区别，无人轰炸机通常指带弹量大、主要执行对地面攻击的无人作战飞机。无人轰炸机可携带空对地导弹或炸弹对敌防空武器实施压制，用反坦克导弹等对坦克进行攻击；用集束炸弹等武器对地面部队等进行轰炸等。

世界上第一架可对地大面积攻击作战任务的无人机是美国的X-47B无人轰炸机（图6-19），也是首个能在航母上起降（图6-20）和空中被加油的大型无人机。X-47B无人轰炸机是一架飞翼式布局的隐身无人飞机，其主要技术参数为：

起飞重量：20860千克，可以挂载2043千克的武器。

作战半径：将近3000千米。

续航时间：9小时。

巡航速度：850千米/小时。

长度：11.63米。

翼展：18.92米。

高度：3.10米。

动力：1×普惠F100-220U涡扇发动机。

实用升限：12190米。

航程：3889千米。

图6-19 X-47B无人轰炸机

图6-20 X-47B无人轰炸机在航母上起飞

我国国庆70周年阅兵式上也展示出了国产“空中利剑”攻击-11隐身无人机（图6-21），它是一种大后掠飞翼式的隐身布局设计。

图6-21　攻击-11隐身无人机

（3）反辐射攻击无人机

反辐射攻击无人机是一种特殊的无人作战飞机。这种无人机利用敌方雷达辐射的电磁波信号，发现和跟踪敌方雷达，最后摧毁敌方雷达系统。反辐射攻击无人机有自杀型的，也有发射导弹攻击敌方雷达且可以返回的。以色列的“哈比”反辐射无人机（图6-22）就是早期一款出色的代表。反辐射无人机与巡航导弹的区别是，其可在空中自动搜索地面敌方雷达目标，然后对敌目标实施攻击。“哈比”无人机的巡航发动机用的是活塞动力和火箭助飞模式。“哈比”反辐射无人机不但有对雷达信号的测试装置，而且装有照相机和摄像云台，即便是敌方雷达关机也能被发现，具有很高的打击效率。反辐射无人机摧毁雷达示意图如图6-23所示。

图6-22　“哈比”反辐射无人机

图6-23　反辐射无人机摧毁雷达示意图

反辐射无人机装有反辐射导引头和战斗部，主要用于压制和攻击敌方地面雷达，削弱防空系统作战能力，掩护己方作战飞机遂行作战任务。它可按预编的航线在战区上空长时间巡航待机，一旦搜索到敌方目标雷达的信号，就会立即向雷达攻击；若雷达关机，反辐射无人机可以拉升，继续盘旋搜索，伺机再行攻击。

我国在2017年建军90周年阅兵式上展示了国产ASN-301反辐射无人机（图6-24），该无人机具有小展弦比无尾三角翼布局和可以不带侧滑动作的直接力转弯等特点。

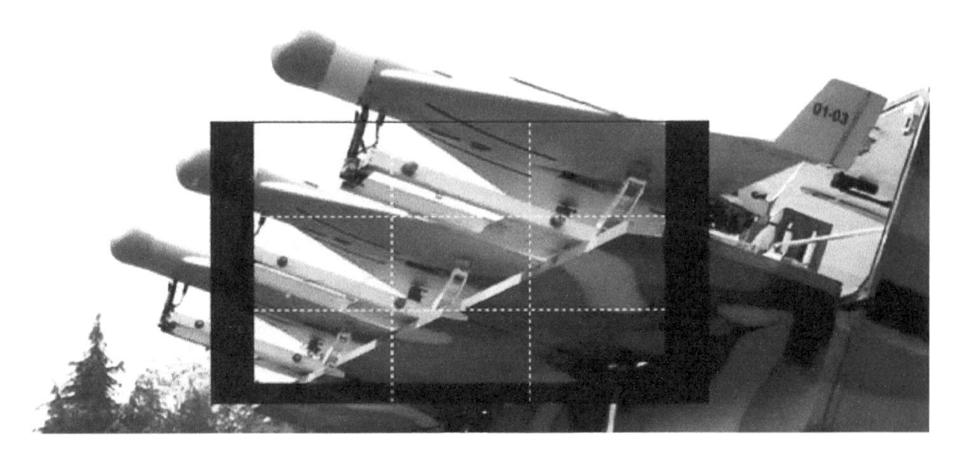

图6-24 ASN-301反辐射无人机

（4）“自杀式”无人攻击机

小型“自杀式”无人攻击机又称为“巡飞弹”。这种无人机通常设计有单一或多功能战斗部，并具有彩色光学及红外摄像机或化学/生物探测传感器等侦察装置，具有目标搜索、目标监视与定位、实时无线信息传输和直接攻击目标能力。典型的有美国的“弹簧刀”无人机。其“弹簧刀-300”（图6-25）是一种单兵便携小型自杀式无人机，翼展60厘米，装备总重2.5千克，飞行时间15分钟，飞行距离10千米。

图6-25 “弹簧刀-300”无人机

无人机在军事上还有其他多种用途，如生化探测、对射击效果评估、战场毁伤效果评估、战场测绘、运送弹药，尤其是利用低成本无人机做集群作战新模式的探索。虽然无人机作战有众多优点，但是单架无人机，无论是侦察还是攻击，范围有限，打击能力有限。为此，美国国防部正在尝试“蜂群”作战概念。由于无人机具有尺寸小、适应性强、成本低等特点，则以大量功能相对单一的低成本无人机替代传统大型多功能平台的各项能力，并且无人机编队作战有很多好处。多架无人机编队飞行，协同侦察、作战的模式，可以大大提高单机单次作战任务的成功概率。无人机在未来战争中将会更多地发挥其特有的优势。

6.2 无人机在民用上的用途

无人机由于军事的需要而诞生，普通老百姓在以前对其了解较少。而无人机一旦走进民用领域，就展现出广阔的应用前景。现在，无人机已从消费性民用向专业性行业应用发展。由于无人机可在很多方面替代人工和常规机器，有特殊的优势，因此无人机开始在交通、航测、农业植保、空中巡查、电力巡检、桥梁检测、管道检测、灾情监控、消防、环境污染采集、大气分析、物流空运、森林防火等方面投入试用和应用阶段。

6.2.1 娱乐性无人机

无人机之所以家喻户晓，归功于首先用于娱乐航拍消费性无人机的发展。大疆公司以“会飞的照相机”发展出了小巧玲珑的航拍四旋翼无人机（图6-26），使得无人机走进千家万户，进入国内外消费市场。现在发展的消费性无人机已经不是普通航模概念，已经具有较好

图6-26 大疆的“小精灵”

的姿态自主增稳和航拍功能，甚至有一定的避障功能。无人机的航拍让老百姓从另一个视角观赏美丽的世界（图6-27）。

图6-27　翡翠项链——航拍的美龄宫

6.2.2　无人机地理航测

地理航测与普通的航拍并不相同，航测不只是要拍摄地面图像，更重要的需获得与图像匹配的目标信息、地理坐标（经纬度）和高度分布。有的航测还需要做序列图像拼接（图6-28），以获得完整的区域地理信息。例如，目前的智能城市信息，就可以利用无人机航测得到城市每一个建筑、每一条道路、园地和其他外部信息（图6-29），通过图像拼接得到整个城市区域三维详细实景地图。用无人机进行航测比起传统的有人驾驶飞机或直升机，可以在更低的空域进行拍摄，因此可得到更高分辨率的图像，而且具有效率高、成本低的优点。无人机近距离拍摄图像分辨率可达厘米级。目前，发展的无人机立体航测可以利用同时多角度镜头拍摄，经软件处理得到三维地面图形和三维信息。无人机航测还可以用于农业资源探测、地理山林河湖资源测绘和矿产勘探等。

图6-28　拼接的地面图像

图6-29　无人机航拍建模三维数字化智慧城市

6.2.3　管理与安防无人机

（1）公安与防务无人机

利用无人机加强公安和安防管理工作是一个新手段，可以提高各级公安部门的日常和应急管理能力。无人机可以实现快速响应突发事件，到达现场；便于及时采取果断措施，实施正确指挥。特别是城市高楼林立、山林崎岖，地面监察设备难以发现一些隐藏目标。进院或入室作案的犯罪分子，往往依靠院墙、房屋、树林挟持人质，公安人员难以了解现场状况和接近犯罪分子。利用小型灵活可悬停的无人机，就可以进入院内上空、飞近犯罪房屋的窗口、飞临树林上空实时掌握内部情况，指挥人员利用无人机准确掌握犯罪现场，避免公安人员受到伤害。对于挟持人质的犯罪分子，可以用无人机发射威慑装备协助公安人员抓获罪犯。对于正在行凶或持枪的恐怖犯罪分子，利用装有特殊设备（如空射捕网、烟幕弹等）的无人机，直接制服犯罪分子，是公安部门对付暴力犯罪分子的新型手段。对于驾驶车辆的罪犯，公安人员往往因交通堵塞，难于及时跟踪犯罪车辆。如果使用小型无人机从空中追踪罪犯车辆，或者由无人机航拍到犯罪车辆牌号和车型，就可以作为犯罪证据。无人机为公安部门对付暴力犯罪分子提供了十分有效的新型手段，可以大大提高处理违法案件的公安能力。

图6-30　公安人员使用无人机监控

对于机场、重要场所、公众集会等地方，采用地面监控设备或人员监察，往往只能控制到局部地点，而用无人机监控（图6-30），则扩大了监视范围，提高了及时性，可以预防事故的发生。

（2）交通管理无人机

我国机动车辆数量的大量增加，交通事故频发，城市交通管理越来越复杂。尤其是高速公路上出现交通事故，由于高速公路被行驶汽车堵塞，处理事故的警车往往很难及时到达高速公路事故现场，因此对事故现场情况的了解和处理很难及时进行，造成车辆堵塞状况加重。如果利用无人机飞越高速公路到达现场上空，就可以及时传回由无人机拍摄的现场图像，使交通管理部门直观了解现场实况，记录事故现场高清图像证据（图6-31）。交通管理人员还可以通过无人机携带的传声喊话装置，遥控作出处理现场的指令，疏导交通堵塞的车辆，加快正常交通的恢复速度。无人机还可以实时记录交通要道的车流数据采集，便于交通管理。

图6-31　无人机交通管理信息传回指挥部

（3）灾情无人机巡查和救灾

各种自然或人为灾害往往是难以预测的突发情况，如地震、水灾、火灾、泥石流等灾害，会造成交通堵塞、通信中断和人员伤亡。在不少灾区，不同地面交通工具很难及时通过，大型飞机也难以就近降落。为了及时了解灾难现场情况和救援生命财产，利用无人机起降方便，可以迅速了解灾情（图6-32）。运用无人机所携带直接传输图像的摄像机，可以及时准确地掌握到灾区情景：受灾人员位置、房屋毁坏情况，道路堵塞等，为地面指挥救援人员提供了清晰可靠的实况情报，及时开通途径，救出灾民。同时，可用无人机及时将食品、药物和救生工具投送到受灾人员处。

图6-32　无人机巡查救灾

利用可以长时间在空中悬停的系留无人机，由地面供电提供长航时工作。系留无人机可以搭载通信中继设备，作为灾区通信系统受损中断情况下的临时通信系统，以解决灾区指挥通信、手机通信和信息传输的需要。

此外，城市的高层建筑越来越多，十几层以上的高楼遇到火灾，普通的水枪射不到那么高。目前已开始出现用大载荷无人机高层灭火的试验，这将是未来高层灭火的重要手段。

6.2.4　运输类无人机

（1）无人机物流快递

我国网购商业的迅速发展促进了物流快递行业的兴起。目前的物流快递除了需耗费大量的人力之外，对于车辆（包括电力自行车）难以到达的地点，如河流阻隔、山谷无路、自然灾区、边远地区，给物流快递带来很大的困难。

2013年，美国的Matternet公司和中国的顺丰公司开始了无人机快递的探索试验。2017年3月，美国Amazon Prime Air公司完成首次无人机包裹快递实际运作（图6-33），标志着无人机的空中快递业务打开了新的领域。我国的物流行业，也开始实施无人机物流快递的计划（图6-34）。对于远程的物流，可以采用大型固定翼运输无人机；对于近距离的物流，可以采用多旋翼无人机平台和无人直升机，无需专门起降场地。物流无人机应具有在物流调度基地与接收人员互动信息的能力。

（2）特殊环境的无人机运输

对于一些特殊环境的物资运输，如被河流阻隔、没有公路的山谷和山顶、无路的森林，利用大型无人直升机或无人飞艇，可以将重达几百公斤、几吨的物资运往目的地（图6-35、图6-36）。

图6-33　Amazon首次无人机快递

图6-34　顺丰无人机快递试验

图6-35　用于运物的无人直升机

图6-36　用于运物的无人飞艇

6.2.5　工业用无人机

消费级无人机向工业级无人机发展，并且在工业领域中的应用也越来越广泛。

（1）电力巡检

高压电力线路的巡检是最早采用无人机的工业领域。由于高压线缆和线塔常常因大风、积雪或人为而遭受损坏，从而可能造成高压电路中断的重大事故，对工农业生产和人民生活影响极大。高压线沿路绕过起伏山谷、河流，加上人员爬上高压电线塔的作业危险性，高压线路的检修工作一直是作业难题。而利用小型无人机可以接近高压线路，能够检测到线路损坏的详细情况（图6-37）。运用无人机携带的热成像仪，还可以测试出受损高压线路上发热零件（如绝缘子、接头零件等，见图6-38）。无人机机动灵活，可以及时飞临电力事故区域进行监测，赢取抢修时间。无人机还可以将电缆和零件直接运送到空中铁塔上，用于维修。利用无人机电力巡线检测，不但大大降低了电力巡线的成本，而且提高了工作效率。

图6-37　无人机电力巡检

图6-38　无人机检测绝缘子

（2）矿业工程

无论是野外采矿工程还是室外大型工程基础建设，地图和平面照片都不能反映实际的地理状态。传统的地面三脚架上安放的水准仪、经纬仪、测距仪和绘图板等设备，受地形、山林的限制，很难测量准确。

自从进入矿业工程中，无人机在野外大型工程中有十分广阔的用途。探矿、采矿和工程测量过程中，三维地貌测绘、工程规划、作业区照明、运输探路、工程检测、人员喊话、工程爆破、物资投放、工程监管以及矿井生态重建等工作（图6-39、图6-40）正在受益于无人机新技术的支持。

图6-39　露天矿区

图6-40　无人机地貌测绘

无人机不但可以获取工程区域周边的地理信息，还可以运用三维航拍和测量技术，得到各个山丘的图示工程体积（图6-41）。

图6-41　无人机对工程区的三维地理测量

（3）气体检测

石油与化工企业的气体排放（图6-42）和泄漏会产生很危险的火灾或对人体有害的污染。此外，大量排放的二氧化碳气体对于地球环境造成破坏，导致温室效应，也是世界要共同克服的人类生存问题。

图6-42　化工企业气体排放

目前，无人机可携带气体检测仪检测到数十种有机化合物的泄漏（图6-43），包括温室气体六氟化硫。无人机气体检测的方法是一种快速、非接触式测量手段，可用于难以接近的地方，如高空烟囱。它可以检测出距离无人机几米外的小泄漏，也可以检测出数百米外的较大泄漏。它还可以检测移动车辆的泄漏，从而显著提高检查效率。

图6-43　无人机对气体的检测

无人机还可以携带光学气体泄漏检测仪，此方法可以检测苯、乙醇、乙苯、庚烷、己烷、异戊二烯、甲醇、MEK、MIBK、辛烷、戊烷、1-戊烷、甲苯、二甲苯、丁烷、乙烷、甲烷、丙烷、乙烯和其他气体。

（4）桥路检测

现代化交通离不开大量的桥梁和高架高速公路的建设。我国高速公路达16万公里，其中有很多高架路基公路和超80万座公路桥梁。这些桥基建筑需要大量人工和设备检测，特别是桥基下表面检测困难。传统的检测设备从桥上拐绕到桥下（图6-44），十分笨重，既影响路面交通行驶，而且还需要人员到设备下面操作。而利用无人机在桥下用光学和红外摄像探测（图6-45），既方便又不影响交通。

图6-44　传统的桥梁检测

图6-45　无人机对桥梁的检测

6.2.6　农业用无人机

（1）农业植保无人机

农业大量使用化肥和除害虫化学剂，过去用人工喷洒，不但效率很低，而且对人员身体健康有伤害。目前，农业植保无人机在中国已经大量使用。利用无人机定量均匀喷洒化肥或农业化学剂（图6-46、图6-47），可以避免过量喷洒，同时大大提高作业效率。利用无人机实施农业植保作业，还有一个重要好处就是避免作业人员吸入对人体有害的化学物质。无人机还可以用于空中播种，将种子与营养肥料一道播种，大大提高了营养肥料的吸收。

农业植保无人机目前有人工遥控作业、人工设置定距定高直线往复自动作业和地面站规划全自主作业等模式。

（2）其他农用无人机

无人机还可用于农业水利资源测量、农业灌溉、草原和山地牲畜监控、海洋人工养殖植物的管理（图6-48）等领域。

图6-46　无人直升机喷洒作业

图6-47　多旋翼无人机喷洒作业

图6-48　无人机对海洋养殖业的管理

6.3　无人机技术的展望

6.3.1　环境识别与适应能力

无人机自主感知环境与对环境的适应能力，是未来无人机发展的重要方面。无人机对环境的感知有两方面：一是无人机对自然环境的感知和自身相对于自然环境状态的感知；二是无人机对具体目标的感知、识别和定位。

（1）对自然环境的感知与适应能力

无人机应具有对环境地理“识别觉”（地理位置、地理特性），对所飞行经过点的地理三维坐标、相对高度的测量能力，对地理环境的特性（如平原、山脉、河流、海洋、森林）的感知和识别能力。无人机还必须具有自己相对环境“运动觉”（速度、加速度、角度），具有相对环境的飞行速度、运动加速度、运动姿态、航向的测量能力，才能实现自主飞行导航。无人机还应具有对于周围环境的“接近觉”（接近感知、距离），具有对障碍物的相对距离和接近速度的感知与测量能力，这样才能真正实现自主避障（图6-49）。

（2）对目标的感知与识别能力

目标识别技术是无人机对通过光学或雷达获取的目标信息进行辨认的技术。

图6-49　无人机自主避障飞行示意图

目标识别的基本原理是利用雷达回波中的幅度、相位、频谱和极化等目标特征信息，通过数学上的各种多维空间变换来估算目标的大小、形状、重量和表面层的物理特性参数，还需根据无人机预设的样本所确定的鉴别函数，进行识别判决。

光学精确目标识别应能分辨目标景物和周围背景特征。机载计算机利用图像信息处理技术和目标识别技术对探测器获取的目标图像进行自动判断、决策和跟踪，实现对目标任务的有效执行。例如，红外成像导引头（图6-50）通常由光学系统和调制系统(即红外接收器)、红外探测器、信号处理电路、陀螺稳定器和力矩变换器、调制速度控制系统、角度传感器、基准信号发生器和伺服机构等组成。导引头具有三种目标定位工作能力：电锁、搜索和跟踪。

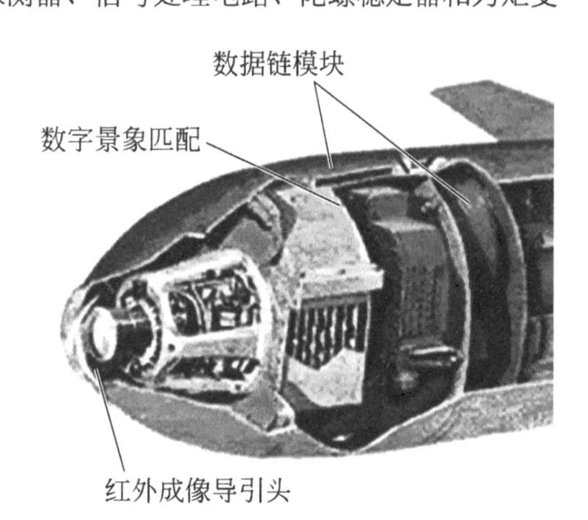

图6-50　红外成像导引装置

6.3.2　协同作业/作战能力

鉴于无人机成本低、生产周期短的特点，无人机协同作战已是各国探索未来战争模式十分关注的技术。

从作战应用来看，无人机协同作战能有效克服单机行动时出现故障或战斗损坏、观测角度的限制以及执行攻击任务成功率低等问题。为弥补单架无人机的不足，国内外都提出了各种各样的无人机编队飞行概念，随着技术的不断发展，又提出了协同作战理论。无人机协同作战主要优势有：扩大搜索范围、提高侦察精度、提升整体作战能力以及减小飞行阻力、增加飞行距离等。无人机协同编队飞行执行任务，可以在一定程度上提高单机单次作战任务的成功概率。在军事侦察、目标打击、通信中继、电子对抗、战场评估和干扰诱骗等方面，无人机协同编队飞行可以提高单次完成任务的效率，因而无人机协同作战成为重要的发展趋势。大规模小型无人机集群作战又称为“蜂群作战”。

（1）无人机编队协同作战技术

无人机编队执行任务（图6-51）时，对任务区域进行划分，分配给编队中不同的无人机，从而避免任务目标的遗漏并提高执行任务效率。无人机编队飞行的队形有“长机-僚机”编队和“拓扑互联组网”编队等。

图6-51　无人机集群作战示意图

（2）有人飞机/无人机编队协同作战技术

“有人无人系统编队”是一种新的无人机协同作战模式（图6-52）。有人飞机规划和引导无人机编队作战，小型无人机系统可能与有人飞机或者无人系统进行编队，同时保持某种级别的“在环路”控制。编队需要由远程驾驶或者有人飞机机组人员对小型无人机系统和/或相关机载传感器进行指挥控制，并能够

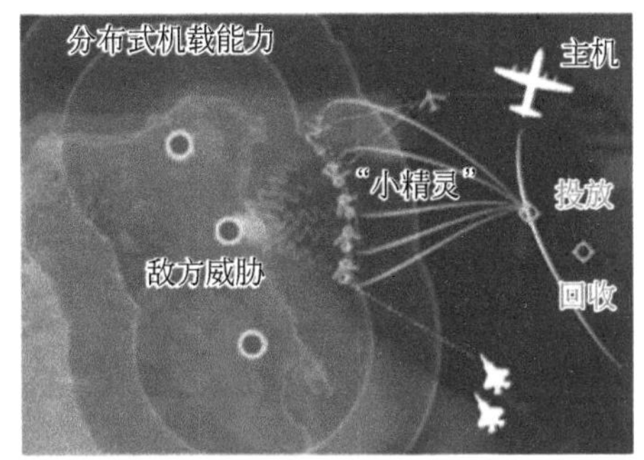

图6-52　有人飞机引导无人机协同作战概念图

主动将控制权交给其他实体。

有人飞机可以针对计划任务，创建一个任务管理器和定制的任务规划器，形成无人机群的执行任务规划。由有人飞机的任务管理器执行群管理，并与承担任务的无人机任务设备进行通信。有人飞机可以向无人机群发送目标信息、引导无人机编队飞行信息和对无人机任务设备指令信息，具有对无人机群的管理作用。

2014年，美国提出“空中航空母舰”的作战概念。利用大型重载荷的有人驾驶飞机作为运载和承担发射与回收多架（或批量）小型无人机的空中平台。敌防区外由包括运输机、轰炸机和战斗机在内的各类平台发射小型无人机，在渗透到敌防区内之后针对特定目标共同执行情侦监（情报、侦察和监视）、电子攻击或地理空间定位等作战任务。任务完成后退出敌防区，并由运输机完成空中回收。

6.3.3　智能化

目前，无人机所谓的“智能化”研究尚处于初级阶段，从技术水平看，只是具有按照人预先设计的程序进行“自主控制与导航”的功能。虽然也出现个别具有“自主控制”能力的无人机程序中加入了少量的“人工智能”算法，也只是很初级的智能无人机。

真正的“智能无人机（intelligent UAV）”，除了能按照预定程序自主作业外，还应能够根据外界条件的变化，在一定范围内自主调整程序、重新规划作业等。智能无人机至少要具备三个要素：

① 感觉要素，能够感知和认识周围环境状态。

② 反应要素，对外界变化能做出反应性控制。

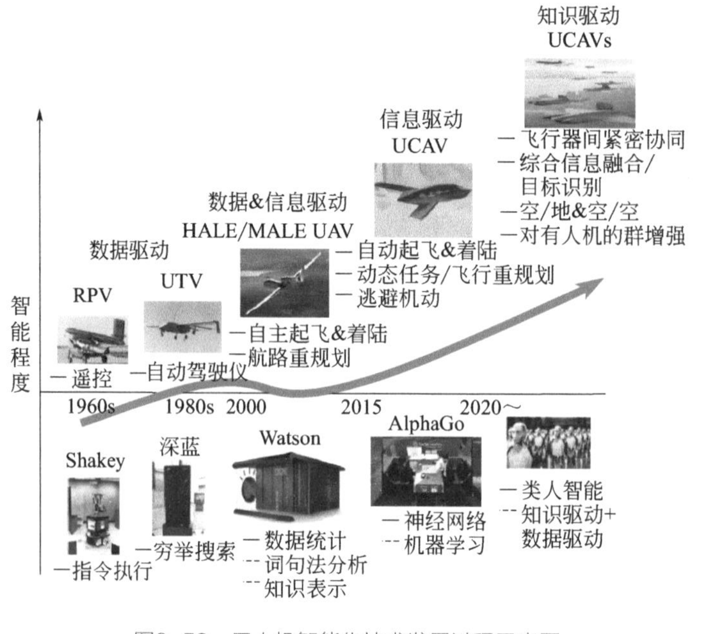

图6-53 无人机智能化技术发展过程示意图

③ 思考要素，根据感知的信息，能够思考给出相应对策。

无人机智能化技术发展过程如图6-53所示。“智能无人机”发展，我们设想可分三个层次：

① 初级智能无人机，指具有一定的感觉、识别、推理和判断能力，可以根据外界条件的变化，在一定范围内自行修改程序、自主控制的无人机。

② 专用智能无人机，对于一定专门任务要求研制的智能无人机，能够在执行任务过程中，根据环境变化，自动调整航线和控制任务设备，独立完成专门作业任务。

③ 高级智能无人机，不但具有感觉、识别、推理和判断能力，而且根据所感知的外界条件的变化，自行修改程序的原则不是由人规定的，而是无人机自己通过学习，总结经验来获得修改程序的原则。

智能无人机通常运用人工智能技术，模拟人的思维方法，即具有与人脑的思维过程有一定的相似性的求解过程，如神经网络技术。高级智能无人机应具有故障自动监测、故障辨识的自修复控制技术，具有自学习、自组织、自适应控制能力。无人机的飞行与任务执行由“数据驱动”向“数据与信息驱动”“信息驱动”“知识驱动”的智能化发展。

此外，无人机的微小型化、长航时与能源技术、隐身技术、空中被加油技术、特殊环境的探测技术、反制无人机技术也正在发展中。

参考文献

[1]Office of the Secretary of Defense. Unmanned aircraft sys-tems roadmap 2005-2030[R]. USA: Office of the Secretary of Defense, 2005.

[2]Austin R. 无人机系统——设计，开发与应用[M]. 陈自力，董海瑞，江涛，译. 北京：国防工业出版社，2013.

[3]Beard R W. 小型无人机理论与应用[M]. 王强，等，译，北京：国防工业出版社，2017.

[4]世界无人机系统大全编写组. 世界无人机系统大全[M]. 北京：航空工业出版社，2015.

[5]昂海松，周建江，黄国平，等. 无人机系统关键技术[M]. 北京：航空工业出版社，2021.

[6]昂海松，郑祥明，金海波. 无人机系统设计导论[M]. 北京：科学出版社，2018.

[7]昂海松. 无人机系统概念和关键技术[J]. 无人系统技术，2018, 1(1): 66-71.

[8]昂海松，肖天航，郑祥明，等. 微型飞行器设计导论[M]. 西安：西北工业大学出版社，2012.

[9]昂海松，周建江，曹云峰，等. 微型飞行器系统技术[M]. 北京：科学出版社，2014.

[10]昂海松，余雄庆. 飞行器先进设计技术 [M]. 2版. 北京：国防工业出版社，2014.

[11]昂海松. 微型飞行器的设计的原则和策略[J]. 航空学报，2016，37 (1)：69-80.

[12]昂海松，余雄庆，童明波. 航空航天概论 [M]. 3版. 北京：科学出版社，2021.

[13]R.Yanushevsky. 无人机制导[M]. 牛铁峰，等，译. 北京：国防工业出版社，2017.

[14]刘畅. 无人机测控与信息传输技术发展综述[J]. 中国新技术新产品，2017, 38(7): 7-8.

[15]石鹏飞. 无人机自主控制技术发展与挑战[J]. 科技导报，2017, 35(7): 32-38.

[16]Pu H Z, Zhen Z Y, Xia M. Flight control system of unmanned aerial vehicle[J]. Transactions of Nanjing University of Aeronautics and Astronautics, 2015, 32(1): 1-8.

[17]许长春. 倾转旋翼无人机飞行控制研究[D]. 北京：北京理工大学, 2015.

[18]张健，陈欣，李春涛. 无人机应急着陆控制技术研究[J]. 伺服控制，2012(04): 36-39.

[19]尹志文. 高空长航时无人机动力装置的现状与发展[C]//第六届中国国际无人驾驶航空器系统大会，2016: 4.

[20]宫朝霞，胡冬冬. 美国空军未来40年无人机系统发展规划 [J]. 飞航导弹，2011(1): 23-29.

[21]Savvaris A, Xie Y, Malandrakis K, et al. Development of a fuel cell hybrid-powered unmanned aerial vehicle[C]// 24th Mediterranean Conference on Control and Automation (MED), IEEE, 2016.